蒲庵丛书

左持螯 右持杯

秀东题

蟹馔与漆艺的对话。

戴爱群：著
周剑石 范星闪 刘高品：器皿创作
张少刚：菜品制作
李祎：摄影

三联书店

创作团队

戴爱群 /

美食家，近年沉迷于中国菜的复古与创新，电视系列纪录片《中国美食探秘》总策划，著有《春韭秋菘——一个美食家的寻味笔记》，与人合著有《口福——今生必食的100道中国菜》《先生馔——梁实秋唐鲁孙的民国食单》。

张少刚 /

中国烹饪大师，北京“御珍舫”总厨，擅长制作山东菜、北京菜。18岁入北京“泰丰楼”学艺，师从李启贵先生。从业26年，第六届烹饪技能大赛荣获热菜金奖，2017年荣获“中华金厨奖”。曾任北京“天地一家”总厨。

李祎 /

擅长用照片表达语言以外的东西。有十多年的酒店美食拍摄经验，工作涉及汽车、珠宝和人物肖像。曾为多国政府首脑拍摄照片，拍摄国家旅游宣传图片。客户包括：海航集团、AT&T、CUMMINS、KPMG、ARUP、Maserati、BMW、Audi 、SEKISUI、Aggreko 等。

周剑石 /

艺术家，策展人。近年创作漆器、漆画、漆塑和漆空间类艺术作品。追求古今中外传统与现代经典作品的精神内涵。剔犀大盘《欧洲印象》获 2008 中国工艺美术精品大展银奖。总策划、主编出版了 2005 年、2007 年、2010 年《从河姆渡走来——国际漆艺展作品集》。现任清华大学传统工艺与材料研究文化部实验室研究员，洛阳国漆髹饰艺术研究中心主任，日本国际漆文化研究所副理事长，韩国清州市筷箸研究所特聘研究员、顾问（名誉所长），中国文物学会会员，世界漆文化会议议员。

范星闪 /

2006 年考入清华大学美术学院，主修漆艺 6 年，同时广泛学习研究各艺术设计门类。2015 年成立个人漆艺工作室 Naquer Studio，至今一直从事艺术创作、设计相关工作。艺海茫茫，孤帆点点，乘舟前行，自认为窥见到一小片天，并坚定地探索自己的艺术语言。

刘高品 /

新生代设计师。2006年考入清华大学美术学院学习，之后选择了工艺美术类的金属工艺专业，在校期间便以精致的做工和较强的当代设计思维获得老师们的赞赏，2010年毕业后留清华大学美术学院首饰工作室，任教学辅导员，擅长传统的锻造工艺、錾花工艺、珐琅工艺，参加的重要展览有“正在改变的传统——当代工艺美术展”“第十二届全国美展”“庆祝清华美院建院六十周年教师作品展”“中国好手艺展”等。

目录

汤

点心

序 一

玩物见其"痴"

汪 朗

戴爱群先生真是能折腾，总喜欢干些费力不讨好的事。

前两年，他复原了梁实秋、唐鲁孙笔下一些民国年间的北平菜品，并将复原过程和操作要点写成了一本书——《先生馔——梁实秋唐鲁孙的民国食单》。这事干得就挺费劲，要查阅资料，要反复琢磨，还得不断操弄，最后弄出的这些菜味道虽然不错，但是从未批量应市，只是供少数老饕私下品尝品尝，也就谈不上什么效益，属于赔本赚吆喝。

这一次，他又搞出了一桌蟹宴，有凉有热，有蒸有煮，有扒有烩，还有点心小吃，花样繁多，不一而足。以蟹入宴虽然古已有之，但是让整桌菜品都与螃蟹有些关联，味道还不能太重复，这就有些难了。更有甚者，这些菜品既不能天马行空任意而为，必须有所遵循，又不能与现在流行的蟹馔雷同，要有所变化，用戴爱群自己的话形容，要做到“移步不换形”，如此一来，难度自然又上了一个级别，简直到了“矫情”的地步。

比如其中的一道菜“蟹酿橙”，南宋林洪的《山家清供》已有记载：“橙用黄熟大者，截顶，剜去穰，留少液，以蟹膏肉实其内，仍以带枝顶覆之，入小甑，用酒、醋、水蒸熟。用醋、盐供食，香而鲜，使人有新酒、菊花、香橙、螃蟹之兴。”这道菜 30 多年前就被江浙厨师复原，并以此参加了 1983 年全国首届烹饪大赛，我当时初到报社工作，编发过这个菜谱，故而还有印象。但是这个“蟹酿橙”究竟如何烹制味道才更佳，我却从未想过。此次戴先生对照《山家清供》的原文和“蟹酿橙”流行版做法，发现了不少疑点，根据自己的理解对烹饪方式进行了改进，更加突出了蟹肉和香橙的本味。比如，他认为《山家清供》中所说的“用酒、醋、水蒸熟”，应该理解为蒸蟹时在水中加入酒、醋，而非一些人理解的在蟹肉中加入酒、醋调味后再蒸，就很有道理。这样既可发挥酒、醋的祛腥作用，又不至影响螃蟹的本味，而且很雅。还有，如果蒸制前已用酒醋调味，后面再“用盐、醋供食”，岂非多此一举，从逻辑上也讲不通。类似的事例，在这本书中还有不少。若非对中外烹饪技法了然于胸，并能融会贯通、点铁成金，实难弄出这些菜品。

这桌蟹宴的另一处折腾，就是戴爱群为各道菜品都配备了独有的盛器，从最初设计开始，直到做出成品，他都参与其中。光是这套餐具的制作，前前后后就有两年多。我就多次见过，为了一个银暖锅锅盖上的盖钮，他是如何与制作者掰扯的，从尺寸、材质到制作工艺，每处都要反复斟酌，甚至推倒重来。这么一个手工打制的掐丝珐琅莲花钮八仙金花银暖锅，工钱料钱就要好几万，他老先生真敢花钱。其他大漆制作的餐具，每件成本也以万计。中国饮食虽然有美食配美器的说道，但是能真正实行之者，并不多。戴先生构思的这套独特餐具，其实也只能看看，因为太珍贵了，不舍得用。好在书中有照片，有兴趣者可以多看两眼。

戴爱群的这些做法，大约会有人不以为然。过去对这类行为有个说法，叫“玩物丧志”，意思是醉心于玩赏所喜好的东西，从而消磨掉了理想志气。这当然不是什么誉美之词。说起来，戴先生和“玩物”还能沾上点边儿，因为他对世间各种高雅美好的东西都有兴趣，比如苏绣、歙砚、北派竹刻、宜兴紫砂之类，而且眼光不低。但是说他“丧志”则实在有些高抬他了，因为他从来没有过经天纬地的大志，最想做的只不过是将中国美食文化发扬光大。由此观之，戴爱群的玩物，恰恰是为了彰显其志，就是让更多的人了解中国美食的精髓。为了这个目标，戴爱群已经坚持了多年，不容易。

戴先生写的几本美食著作中，这一本的文字又有提升。一是更干净，没有多余的话；二是更纯粹，只说和菜品有关的事情，不像以前有的文章，总想夹枪带棒，借着馔食发些议论。那样的文章虽然也好看，但是和美食还是隔了一点。

明末的张岱写过一篇短文《湖心亭看雪》：

崇祯五年十二月，余住西湖。大雪三日，湖中人鸟声俱绝。是日更定矣，余拏一小舟，拥毳衣炉火，独往湖心亭看雪。雾凇沆砀，天与云与山与水，上下一白。湖上影子，惟长堤一痕、湖心亭一点，与余舟一芥、舟中人两三粒而已。

到亭上，有两人铺毡对坐，一童子烧酒炉正沸。见余，大喜曰："湖中焉得更有此人！"拉余同饮。余强饮三大白而别。问其姓氏，是金陵人，客此。及下船，舟子喃喃曰："莫说相公痴，更有痴似相公者！"

戴爱群的作为也可用"痴"来形容。他并非什么二代，是需要为稻粱谋的，但是遇到与美食有关又有些好玩儿的事情，便会全力以赴投入其中，不计成本。这种痴迷精神，是成就事业的基础。与他同痴的则是张少刚。戴爱群在《先生馔》和这本书中所构想的菜品，没有少刚师傅的实操，只能存留于书本中。少刚在烹饪界本已"有一号"，但是为了让更多的中国美食重见天日，不惜自讨苦吃，搭上时间精力和宝贵食材，与戴爱群一道琢磨切磋，最终让书本中的肴馔完美呈现在餐桌上。

只可惜，世上的痴人还是太少了。

序二

一场小题大做

戴爱群

“蘧伯玉年五十而知四十九年非”，我已经过了 50 周岁生日——已到所谓“知非之年”，也有资格说这句话了。

其实不用等到 50 岁，我早就知道平生最要命的一个毛病——凡是经世致用的学问，一律学不进去，如果着意培养，结果更坏。比如，大约是 1974 年，“四人帮”还没“进去”，我在幼儿园上大班，家父就有先见之明，要我跟着电台广播学英语（“小升初”的时候干脆剥夺参加“统考”的权利，让我去念“日语实验班”），还试图培养我练字、下象棋、学无线电技术（20 世纪 70 年代他老人家曾经自己攒出一台九英寸的电视机），结果我的高考外语、物理成绩在各门功课中最差，象棋、桥牌之类的益智游戏水平奇“臭”，字至今如同“鬼画符”，视赠书签名为畏途。

但上天是公平的，“去其角”者“予之齿”——凡是学了没用的“玩意儿”，比如哪年哪月哪日在哪儿吃过什么美食啦，京剧名角儿的师承、唱词啦，评书相声啦，野史逸事啦，俗谚歇后语俏皮话儿啦，根本不用费劲去记，无不过目（或口、耳）不忘，手到擒来。更有甚者，在图书馆正襟危坐则痛苦不堪，读书一定要卧床或赖在沙发上；凡是励志类的格言、图书、影视节目，触目便觉得肉紧；开会讲话的严肃场合，总幻觉是“粉墨登场”。反之，被公认为不求上进、颓废荒唐的“勾当”往往“于我心有戚戚焉”，所以独爱“曳尾于涂中”的庄周、“归去来兮”的陶潜，《世说新语》尤喜《任诞》一篇，其中毕卓的“一手持蟹螯，一手持酒杯，拍浮酒池中，便足了一生”这句话更是深获我心，以为千古隽语。

《晋书》对此语的记载更加“丰满”些：“毕卓字茂世，新蔡鲖阳人也。父谌，中书郎。卓少希放达，为胡毋辅之所知。太兴末，为吏部郎，常饮酒废职。比舍郎酿熟，卓因醉夜至其瓮间盗饮之，为掌酒者所缚，明旦视之，乃毕吏部也，遽释其缚。卓遂引主人宴于瓮侧，致醉而去。卓尝谓人曰：‘得酒满数百斛船，四时甘味置两头，右手持酒杯，左手持蟹螯，拍浮酒船中，便足了一生矣。’及过江，为温峤平南长史，卒官。”

此书的命名就用了这个典故。

承蒙生活·读书·新知三联书店执事诸公的美意，已经为我出过四本书了。其中，《春韭秋菘》（初集、二集）是2006年至2013年一些媒体专栏的结集，可以说是对以往不成系统的工作以及成长过程的点滴记录；《口福》是杂谈我对传统中餐经典菜品的理解、认识；《先生馔》是试图恢复部分失传的传统京菜，顺便聊聊民国的饮食生活方式；这本书斗胆试着做一点创新的工作，名曰“创新”，食材（除了肥鹅肝）、技法依然是传统的，只是换换思路，微调一下而已。

梅兰芳先生谈创新，有一句话深获我心，曰：“移步不换形。”乍一听平平淡淡，不过“老生常谈”，深长思之，才知道是“掷地作金石声”的至理名言。梅先生是这样解释这个理念的：“因为京剧是一种古典艺术，有它千百年的传统，因此我们修改起来就更得慎重，改要改得天衣无缝，让大家看不出一点痕迹来，不然的话，就一定会生硬、勉强。这样，它所得到的效果也就变小了。俗语说‘移步换形’，今天的戏剧改革工作却要做到‘移步’而不‘换形’。”（张颂甲：《“移步”而不“换形”——梅兰芳谈旧剧改革》，《进步日报》1949年11月3日）大师谦虚，说话留有余地，实际上由于这种意见不仅不被重视，而且全力反其道而行之，经过60多年的“创新”，京剧已经“奄奄一息”了。中国烹饪的现状并不比京剧好多少，也是“创新”日见繁荣，中餐日趋“下流”。

本书中的16道菜品，除了两道是复古之外，其余的创新都尽量尊崇“移步不换形”的原则，力求不生硬、不勉强，使人觉得菜品本应如此自然、美味，而不是创作者拥有了什么了不起的新食材、新技法、新思路。说实话，这些蟹馔本来是我一时心血来潮，和少刚师傅做着玩、约着一班朋友吃着玩的，既没有打算推向市场，更没有打算出书，所以“创作心态”极为松弛，以“右手持酒杯，左手持蟹螯”来形容亦不为过。只是不该请董秀玉、汪朗两位前辈来品尝，一味“蟹黄酸菜炉肉火锅”令董先生叹赏不置，认为已经达到了日本剑道“守破离”中“离”的境界，可以出书了。我认识董先生总有十年左右，一年见不上一两面，但每次见面她老人家都要点拨一两句，方式以批评为主。我还算不糊涂，能体会前辈认为“孺子可教”的善意，就算不完全服气，也一定表示敬谨领受；得到当众表扬，却还是破题儿第一遭。事后忍不住向黄新萍女士吹牛，结果就有了这本小册子。

决定编写此书时，也是一直对我以批评为主的诤友罗文林女士提醒：“螃蟹做菜，色、形都嫌单调，要想办法装饰一下。”为了追求视觉效果，生搬硬套西餐、日餐的盘饰，把中餐摆得矫揉造作、冰清鬼冷，这正是我一贯反感的。烧一窑瓷器？成本之高又岂是我辈书生所能承受的！也是福至心灵，当即决定：做一套漆器吧。于是扯出了清华大学美术学院的周剑石先生。周先生有个特点，只要涉及漆艺的推广，什么事情都敢应承，这次自然一拍即合，愿意管这件“赔本赚吆喝”的闲事，推荐了他的学生范星闪女士、刘高品先生。这两位也是“初生牛犊不怕虎”，跟我商量好策划方案，就动起手来。谁也没想到，这一干就是两年。创作流程、分工大致如下：我跟星闪、高品分别交流漆器和暖锅的设计创意，他们画出草图，反复修改至大家基本满意，就投入创作。漆器由星闪动手，创作中遇到困难的时候，主要请教周先生；金银器方面则完全拜托高品。其中的曲折甘苦，可见序三，就不用我来饶舌了。

为一桌筵席设计一套器皿，据我所知，只有孔府菜有过，那种官府菜的派头，我们学习不来，也不想学。所以，反倒可以信马由缰，自由发挥。比如，虽然是蟹筵，但所有器皿不许出现蟹的图样，而是以“水八仙”之类的水生植物和秋天应季的桂花、稻花之类为符号；银火锅则在“暗八仙”“万字不到头”传统纹样的基础上进行创新；特别是火锅的盖钮，几次设计都不满意，最后用了高品擅长的掐丝珐琅工艺，做成莲瓣纹。——上述过程都充满了创作的情趣和快感。而最大的难处在于经费，由于所有参与者都没有经验，实际费用远远超出预算不知多少倍。邀天之幸，虽然影响了创作效率，这个困难最后还是圆满解决了。

再美好的菜肴和器皿也要通过摄影师的镜头才能呈现给读者，图片拍摄从某种意义上决定着本书的成败。承蒙李祎先生的高谊，牺牲经济效益，加入我们的团队，为本书的创作画上圆满的句号。

感谢汪朗先生再次赐序。

感谢我的师父徐秀棠先生为本书题签。

内容、结构已定，典故现成。“左持螯”不用解释，“右持杯”持的是什么杯呢？十有八九是传统酒具——“羽觞”（俗称“耳杯”）。据考古发掘和文字记载，这种器型始于战国，没落于唐，毕卓生活的晋代正是它盛行的时期（如王羲之者流上巳修禊时就要玩“曲水流觞”）；羽觞常见的材质有金、铜、漆，怎么知道毕先生所持一定是漆器呢？须知他老人家是要“拍浮酒池中”的，此时不持一只轻巧的漆杯，难道还持一只容易沉底的金杯、铜杯吗？

是为序。

丁酉立春于燕京蒲庵

注：书中器皿说明部分“蒲庵曰”的文字由戴爱群撰写，其中多处参考了长北著《〈髹饰录〉与东亚漆艺——传统髹饰工艺体系研究》（人民美术出版社，2014年）的相关内容，特此声明并致谢。

序三

美食与漆器

范星闪

漆器与美食的相遇，除了瞬间感觉上的惊艳，它们之间还有一种似曾相识的默契，早有前世的渊源。在中国，几千年前，漆器确是普遍地出现在人们的生活中，且有着很多赏心悦目的雅事和动人传说。东汉时，隐逸高士梁鸿与妻子孟光举案齐眉，这个“案”便是漆器（汉时还是分餐制。漆的日用器很多，案就是其中一种，类似现在的托盘。马王堆出土过漆案，上面还有漆盘、耳杯），夫妻恩爱，相敬如宾；魏晋时，一个惠风和畅的日子，王羲之与众人在兰亭以“曲水流觞”的形式做了一次诗酒雅会，众人皆沿小溪落座，漆制的羽觞在蜿蜒的溪水中漂流，停靠之处，近旁之人便举杯赋诗一首。彼时彼刻，美食与美器相遇，视觉与味觉碰撞，文采与心灵相悉，如此雅事令人无限神往……

漆器在中国的使用有证可考，已有7000多年的历史，在浙江河姆渡遗址发现的朱漆木碗，是目前发现的最早的实用漆器。在尧舜时期就已经有漆做的餐具了，《韩非子·十过》记载："尧禅天下，虞舜受之，作为食器，斩山木而财之，削锯修之迹，流漆墨其上，输之于宫以为食器。"从春秋战国到汉朝，是漆器的繁荣发展时期和鼎盛时期。漆器餐具的分类很明确：杯、盘、豆、俎、勺等，而且设计很巧妙，像耳杯（羽觞）套盒，就是将多个耳杯合理收纳在一个外盒中，既美观，又方便收纳和携带。

随着制瓷工艺的成熟，漆器受到瓷器的冲击，用量开始减少，但在生活中的使用仍是常见的，在历代诗词、小说等文献中，都能见到相关描述。隋唐时期开始，漆器在审美和技艺上有更突出的发展。李白在《金陵酒肆留别》里写道："风吹柳花满店香，吴姬压酒唤客尝。金陵子弟来相送，欲行不行各尽觞。"宋代的生活用漆器以素髹漆器为主，即单色漆器，以造型取胜。其中花瓣式的器物非常流行，像葵口盘、海棠盘等。

元代漆器发展主要表现在雕漆工艺的精进，多见于皇宫贵族的御用器。明代螺钿漆器得到进一步发展，扬州的点螺工艺非常有名。晚明时期有一个很有名的漆工叫作江千里，字秋水。他做的螺钿镶嵌漆器特别有名，以至于清代的时候还有很多漆器都落"千里"的底款，有这么一个对子："杯盘处处江秋水，卷轴家家查二瞻。"可见漆器工艺的发展和使用之广泛。在《红楼梦》中多次出现不同漆器的描述，如妙玉奉茶这段写的："只见妙玉亲自捧了一个海棠花式雕漆填金‘云龙献寿’的小茶盘。”可见漆器食盒、茶盘等在清代日常生活中使用仍然非常广泛。一直到民国时期，漆器一直在使用，于百姓而言并不陌生，今天的彝族每家都还有一两件漆器餐具，尤其是招待客人的时候必须用漆器装上食物，表示对客人的尊重。

我们或许最先是被漆器的美好传说与华丽外表所吸引，但值得一提的是，大漆是大地的馈赠。大漆取材于漆树的汁液，许慎在《说文解字》中写道："(漆本作)桼，木汁，可以髹物。”大漆中的有效成分可以杀死大肠杆菌等对人体有害的细菌，常用大漆食器，对人体健康大有裨益。其药用价值在《本草纲目》等诸多医学著作中均有记载。漆油鸡在傈僳族、怒族的传统食物中亦有一席之地，是妇孺虚弱、跌打损伤者滋补壮体的上品。在东亚国家中，日本在隋唐期间派出遣唐使，向中国学习漆艺，并发展出最具有本民族特色的莳绘工艺，将漆艺传承下来并发扬光大。日本现在还保持着使用漆器的习惯，料理中常用漆碗盛汤，新年饮屠苏酒也是用一套漆器酒具。韩国利用漆树的漆叶、漆皮、干漆都可入药的特性，开发出了漆树周边相关的饮品、药品、保健品。

漆器这种带有东方韵味的器具，经过一道道髹涂打磨，不管是素髹器物的安静深沉，还是髹饰器物的千文万华，皆与食物相衬，达成视觉上的盛馔。烹制的菜肴与制作的餐具放在一起，最后呈现在食客面前，厨师、漆艺家的专注用心与赤诚情感也随着香味散发出来。开始享受美食，发现漆器触感温润如玉，食器不会因为食物的温度变得过烫或者过凉。视觉、味觉、触觉三者相通，完美相遇，让美食不仅秀色可餐，更让享用美食的过程悦目怡心。

用心烹调一道菜，精心打磨一件值得陪伴一生的器物，细细品尝一味佳肴，认真对待我们生命中的每一刻，不辜负此生的好时光，也许这就是生命的意义。

农历丁酉年四月

写于草场地

冷菜

01

糟香水晶蟹柳鹅肝

此菜的灵感之一源于巴黎小酒馆（Bistrot）的一道冷菜——鸭肝葱韭千层冻（《Bistrot：走进巴黎小酒馆》，贝尔东等著，积木出版，2013年，第40页），只是将其中的葱韭换成了蟹柳——蟹腿肉，鸭肝换成了鹅肝，加入中餐特有的香糟酒调味而已。

另外，法餐的做法是先将鸭肝煎一下，我们则先用糟卤将鹅肝浸至半熟。法餐的肉冻用的是鸡架煮出的高汤，我们制作水晶皮冻的原料则包含了老鸡、老鸭、猪肘、猪排、火腿、干贝，用料之讲究远远过之。

鹅肝肥厚细腻，用作缺乏“嚼头”的蟹柳的背景，可增加口感上的饱满、润滑。

加入糟味完全为了祛腥、增香、提鲜。糟香最宜蟹肉这种色淡、细嫩、鲜甜而微带腥味的食材，如鸡片、鱼片者流，搭在一起，想不出彩都难！至于用酒糟糟制螃蟹，据《梦粱录》记载，从宋朝就开始大行其道了。

此菜呈现方式直接学习镇江肴肉——切大厚片装盘，可以两吃：先食本味，突出肝香、糟香；再蘸姜醋汁，蟹肉的鲜香味立刻在口中喷薄而出，令人食指大动。

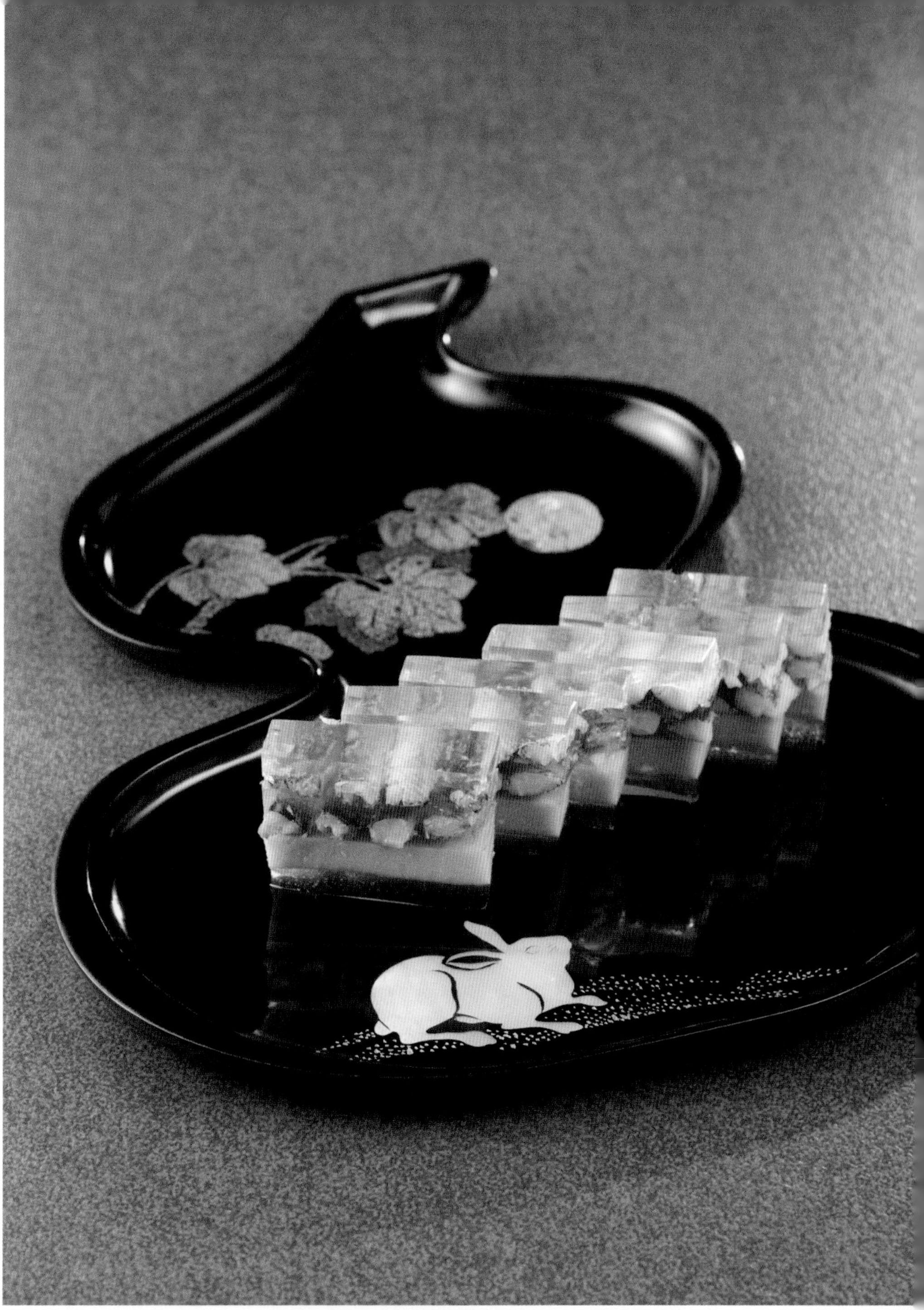

近年，中餐创新有一种流行趋势——向西餐学习，这样做的必要性无需讨论，举凡传统中餐的多油多糖多盐、堆砌高蛋白食材、造型手法陈旧等弊端确实需要改良，确实需要向西餐学习借鉴。

遗憾的是，多数“学习”严重跑偏，造成一系列令人啼笑皆非的现象，例如：

干脆把中餐的装盘完全西餐化，不仅影响了菜肴的温度和口感，而且破坏了中餐传统的审美情趣。

彻底打破中餐食材与食材之间、食材与味型及烹饪技法之间原有的内在逻辑关系，引进外餐的食材、调味料、烹饪技法，强行与中餐的食材、调味料、烹饪技法“嫁接”，莫名其妙，非驴非马。

更有甚者，生搬硬套在西方一度流行、如今日渐衰落的所谓分子厨艺的几个配方，把厨房变成实验室，把食客当作小白鼠，成菜光怪陆离，迎合、忽悠表面热爱中国传统文化、实际根本外行的外国人和毫无文化自信、一味跟风追逐时尚的中国人。

就是这样的一些“宝贝”，居然有人认为它们的出现提升了中餐在世界上的地位，殊不知这种做法几乎完全割断了与传统中餐的血脉联系，出品与其说是中餐，不如说是使用了中餐元素的西餐，即便得到再多洋人和时尚“大咖”、网络“大V”的喝彩，对十几亿中国人每天赖以生存的中餐而言真的有什么价值吗？

或曰：市场经济，“周瑜打黄盖”，有人愿卖，有人愿买，“吹皱一池春水，干卿底事”？

诚然，就我个人而言，不去消费，“眼不见为净”就是了。可虑者，上述所谓改良、创新开了一个“方便之门”：有些“聪明”的厨师发现，不用拜师学艺、勤学苦练了，只要掌握几个配方—甚至最后都不需要配方—再加上敢于忽悠，勇于胡来，就能一夜成名，远比脚踏实地、勤学苦练的“傻小子”容易成名、挣钱。长此以往，中国菜会变成甚等模样，我连想都不敢想。

谚云：“光说不练假把式。”我也斗胆设计一道中西合璧的菜品，就教于大方之家——食材兼取中法，技法偏向法餐，调味却是中餐传统的，不敢说有多么成功，只要内行吃了觉得“不隔”，就于愿足矣。

糟香水晶蟹柳鹅肝

制作方法

○主料：鹅肝、完整熟蟹腿肉

○辅料：葱、姜

○调料：香糟酒、盐

○佐助料：水晶皮冻

○做法

①香糟酒加热，加入葱、姜、盐，放入鹅肝浸熟，打碎去筋制成鹅肝泥。

②加热水晶皮冻使之保持液体状态。

③将少量皮冻液倒入方形盛器，待其凝固后将蟹腿整齐地码放在皮冻上，再倒入少许皮冻液；待凝固后铺上鹅肝泥，倒入剩余的皮冻液使蟹腿、鹅肝、水晶形成一个整体，放入冰箱冷却。

④改刀切厚片装盘即可。

螺钿玉兔望月
梧桐黑漆葫芦盘

秋夜，月到中天，惊动了梧桐树下觅食的玉兔。

月亮和草地都用了金，不过月亮是先在漆面做了凹凸不平的肌理后再贴金箔，模仿月球的表面；

而草地使用戗金工艺，即在抛光的漆面上用刀勾画图纹，擦漆后将金粉擦在凹陷里。

玉兔用韩国的厚白蝶贝切割后嵌在漆盘中，厚贝不透漆的颜色，表现出半透明的玉的质感。梧桐用漆粉莳绘的工艺表现，

桐叶半黄，清秋在静谧的月夜降临了。

螺钿：指贝壳中有珍珠光泽的那一层，

但也不是所有的贝壳都可以做出螺钿，目前品质较好的还是海贝，如黑蝶贝、白蝶贝、鹦鹉螺、墨西哥鲍鱼贝等，

大部分河贝的珍珠层不能算好料，其粉末做沙滩、铺背景还可一用。

莳绘：一种唐代传入日本后被发扬光大的漆艺创作技法。

先用漆描绘花纹，再用粉筒将金银粉或特制的其他颜色漆粉弹洒在图案表面，荫干后用大漆固粉，研磨。

（范星闪）

蒲庵曰

由于整套器皿多是圆形，所以特意设计了少量异形漆器作为调剂。葫芦谐音“福禄”，有吉祥寓意，为中国美术常见纹样，清宫旧藏中就有葫芦造型的雕漆盒。此器图案完全是星闪设计的，虽然玉兔望月是传统题材，但作者的设计和创作技巧推陈出新，把意境烘托得静谧、优雅，使人觉得秋意浓厚而不萧瑟，厚螺钿和莳绘工艺造成浅浮雕的视觉效果，耐人寻味，非常可爱。

按照原设计，应该在“葫芦”上方的那个椭圆形区域放一小碟姜醋汁的，拍照时不愿牺牲图案的完整，不得不放弃了。

热菜

02

姜醋蟹白烧鹿筋

提起中国菜，很多人都重视或欣赏它的味道，或醋椒，或酸甜，或麻辣，或鱼香……变化之多、品类之富，奇幻莫测，举世无双，但似乎很少有人专门研究它的口感。其实，美食之美，除了色香味形之外，火候料理得恰到好处的食材与唇、齿、舌、牙龈乃至口腔黏膜接触时给食客带来的愉悦感，是无可替代、无比美妙而且万分重要的。剥离了触觉的味觉顿失依傍，糖醋鱼如果不是外焦里嫩而是软塌塌、黏糊糊的，干炒牛河如果河粉糟烂得“肝肠寸断”，宫保鸡丁如果鸡丁不嫩、花生不脆，无论它们的调味多精准、多诱人，恐怕也很难使人产生品尝的乐趣。

中餐对口感的讲求，除了以准确的火候保证食材的口感预期之外，还包括一道菜肴中不同食材间口感的关系，无论是主料与辅料之间，还是两种并重的主料之间，合理地搭配才能产生精彩的效果，反之则会两败俱伤。

就像中餐配色的原则有“正配”“反配”两种路数一样，口感的搭配也有相同或相近的“一顺边”和相反或相对的“对立统一”。前者的例子如花菇扣辽参、油爆双脆（猪肚仁配鸡胗）；

后者就更多了，几乎俯拾即是，常见的如烧二冬（冬菇配冬笋）、滑熘里脊（猪里脊配黄瓜片）。

当然，相反、相对的配法要求“对立”并非“你死我活”，其中还要有“统一”：软嫩的熘里脊片、脆嫩的黄瓜片中都有足够的含水量——软和脆是“对立”，嫩则保证了“统一”；宫保鸡丁中花生的含水量尽管极低，但炸制的火候保证了它的脆不是刚性的，而是酥中带脆，与鸡丁同时入口不仅不会影响欣赏主料的滑嫩，反而会起到衬托、强调的作用，有相反相成之妙。

此菜由蟹白熘银皮（即粉皮）和蟹粉烧蹄筋变化而来，但从味型到口感都略作了调整。

上述两种搭配，都是“一顺边”，但蟹白的香软肥糯远胜蟹粉；银皮与鹿筋俱软嫩，银皮好在爽滑，可以解腻；鹿筋妙在酥糯，容易入味，所以把蟹白与鹿筋绾合在一起，预计更加“和谐”。山珍配湖鲜，倒也铢两悉称。

多数蟹馔都是咸鲜口，固然能突出螃蟹的本味，但一桌蟹筵吃下来，未免单调。有的菜跟姜醋碟上桌，客人自己难以把握调味的分寸，常见“过”与“不及”。我非常敬佩鲁菜高手烹制油爆肚仁的手段，特别是出锅前烹入少许米醋，使肚仁略带醋香和若隐若现的酸鲜味，既增香开胃，又去“脏器味”，真是画龙点睛、神来之笔——这道菜中的醋就由上述手法启发而来。

至于姜，一贯是蟹的绝配——我吃河蟹从来只佐以姜醋汁而绝不加糖和酱油，不仅为了民间传说的蟹寒姜热，而且没有姜、醋做背景，蟹的鲜香味确实表现不出来。当然，烹制蟹馔时讲究一点，可以用现榨的姜汁——只取其香而去其辛辣。鲁菜同时使用姜、醋的菜品不少，往往完成祛腥提香的任务之后就悄然“引退”，这里却要求它们的味道浓一点，在咸鲜味的基础上形成“姜醋口”，以突出蟹香。

蟹白与鹿筋皆为珍贵的食材，希望这个设计没有“埋汰”它们。

姜醋蟹白烧鹿筋

制作方法

○主料：蟹膏、水发鹿筋

○辅料：葱、姜

○调料：盐、料酒、米醋

○佐助料：水淀粉

○做法

①葱姜分别制成葱姜水备用。

②水发鹿筋飞水。

③锅中下入高汤，烧开，加入盐、料酒调味，下入鹿筋、蟹膏和葱姜水，姜水要略多一些，锅开后水淀粉勾芡，烹入少许米醋，打明油，出锅装盘即成。

莳绘蒲棒黑漆盘。

蒲草是生命力很强的水生植物，
秋季叶子转黄，蒲棒长成，
姿态依然劲挺有力。
蒲棒和蒲草叶子用漆粉莳绘的方法表现，
这种方法有浅浮雕的效果，
并且色彩饱满，
与蒲草内在的力量和精神相符。
蒲棒部分采用了较粗的漆粉，
与叶脉细颗粒效果稍有不同，
蒲棒的秆部用了金粉莳绘工艺，
体现出另一种植物质感。
（范星闪）

30。

蒲庵曰

蟹料色彩无非红、黄、褐、白，我确定器皿与菜肴配色的原则是：褐色尽量配以红色为主调的器皿，以调剂色彩，增加食欲；白色尽量配以黑色为主调的器皿，以求醒目（当然，创作时要在黑色背景上点缀一点亮色或暖色）；红、黄两色跟哪种颜色都容易搭配，就不特别要求了。

具体到这件器皿，红褐色的蒲棒一方面象征秋季到来，一方面也给菜肴增加了一点亮色。如果把蒲草换成黄色的芦苇、白色的芦花，效果就差多了。

03

蟹黄炉肉辽参

蟹黄、炉肉、辽参——把这三种柔软的荤料汇于一盘，真的可以吗？

世界各国的料理无不讲究食材搭配，中国菜亦然，而且体系更为复杂、全面，变幻莫测。可惜的是，似乎从来没有人专门从这个角度认真研究过中餐。是因为中餐体系庞大繁复，值得关注的、区别于其他国家料理的亮点（菜系、刀工、火候、味型等）过于丰富，对于别家“老生常谈”性质的内容反倒容易熟视无睹，还是选料取精用宏，品类过多，搭配形式数不胜数，难以简单归纳，或者中餐思维方式与其他国家的料理不同，烹制菜肴的切入点不在搭配，而是味型或熟成手段？也许上述几点兼而有之，我也答不上来。

不过，中餐在食材搭配上的手法真是难以穷尽的，在这里，仅就我的浅陋所知，略举一二：

从食材的动植物属性分，有荤与素（食用真菌也算素食范畴）的排列组合。

从食材的新鲜程度分，有新与陈——指经过（风、晒、烤）

干，熏，醉，糟，（盐、酱、酱油、糖、蜜）腌渍，发酵，烤（熟），酱（熟），卤等较长时间加工过的食材——之间的不同组合。

从食材的口感分，有软、脆、韧、黏、肥、干之间的不同排列组合。这个体系尤其复杂，其中还有上述“一级口感”与嫩、滑、爽、酥、糯、化渣、弹牙之类“二级口感”的交错混搭（把口感分为两级是鄙人自我作古），且与食材的纤维粗细老嫩程度、蛋白质结构、含水量乃至初加工的手法、刀工、火候、辅佐料的使用密切相关。

从食材的味道分，有咸、甜、酸、苦、鲜、香、臭、淡（基本无味）、辣、麻（严格来说后两种不算味觉）之间的排列组合。

还有不同采收或宰杀季节，不同产地，不同生长环境（山区、平原、海洋、河湖），不同成长模式（野生、种植或养殖），不同色彩的食材之间的排列组合。

搭配方式可以相反相成，也可以“同性相吸”“求同存异”，有原则、无定法，运用之妙，存乎一心，就看菜系的文化底蕴和厨师的艺术水平了。

为了说明中餐食材搭配的复杂程度，仅举一例——上海名菜竹笋腌鲜——分析、说明如下：

咸五花猪肉：荤、陈（盐腌）、干韧软肥、咸鲜香、冬季加工春季食用、平原养殖；

鲜五花猪肉：荤、新、韧软肥、淡鲜香、四季、平原养殖；

鲜竹笋：素、新、脆嫩、淡鲜甜香、春季、山林野生；

百叶结：素、陈（相对黄豆而言）、软韧、淡、四季、平原种植后加工；

生姜（不食用但很重要，不考虑口感）：素、新、辛辣香、秋季，平原种植。

上海菜称不上菜系，只能算地方风味菜，名菜也不多，竹笋腌鲜是其中著名且优秀的一款。这道貌似简单的家常汤菜其实体现了经典而复杂的食材搭配规律，包括荤素、（同一食材的）鲜陈、野生与养殖，以及不同季节、生长环境、口感、味道的食材的复杂组合，造就了它独一无二的美好滋味，而且成为春季有代表性的江南美食。

其他的绝配如烧南北（口蘑、竹笋），嫩豌豆炒大虾片，宫保鸡丁（炸花生米、干辣椒段、鸡丁），大汤黄鱼（腌雪里蕻、竹笋、大黄鱼），煲仔饭（腊味、芥兰、米饭）……端的是异彩纷呈，不胜枚举。

至于蟹黄炉肉辽参，取法于北京名菜炉肉海参，这道传统菜以荤配荤，以软配软，以陈配陈（炉肉、海参都是加工食品），皆为“一顺边”，处理不好，很容易“模糊一片”，真是大胆弄险。但同中又有异，以陆生配海产，以烧烤配水发，以浓腴配清淡，以一味软烂配软中带韧，皆显示出匠心独运、大家风范。

我不过在此基础上稍事点染而已，蟹黄、炉肉、海参个性皆“平易”，容易与其他食材“搭伙”；陆海之间点缀些许湖鲜，不算过分；口感都有“软”的一面，蟹黄还能增鲜（包括味道之鲜和食材的新鲜）、提色（红褐配橘黄）；烧海参需要肥一点的食材，炉肉、蟹黄皆符合这个要求；螃蟹、炉肉又都是秋季当令——于是就斗胆一试，结果居然不坏。

蟹黄炉肉辽参

制作方法

○ 主料：水发辽参、炉肉、蟹黄

○ 辅料：葱、姜

○ 调料：盐、料酒、生抽、白糖

○ 佐助助、料：水淀粉

○ 做法

① 海参、炉肉分别改刀成片，飞水后码入盘中。

② 蟹黄放入碗中加入高汤、葱姜、料酒蒸制5分钟备用。

③ 炒锅加入高汤，放入盐、料酒、生抽、白糖调味，将码放整齐的海参、炉肉整盘推入锅中，形状不能散，锅开后加入水淀粉勾芡，大翻勺，出锅装盘。

④ 将蒸好的蟹黄放入盘中，锅中余汁淋在蟹黄上即成。

犀皮红漆盘

犀皮漆要先在胎体做好底漆，
待漆转稠，再用工具使漆面起出不同高度，
变得凹凸不平，工具不同、手法不同，
所形成的花纹、形状也不同。
待漆干后，刷上不同颜色的漆，贴金箔，
根据最后花纹需求做出相应层数，荫干，打磨。
最后突出的漆面被打磨掉，花纹显现出来。
这种花纹虽然经过设计，但通常都有意想不到的效果，
斑斓闪烁，一半设计，一半天成。
荫干：指大漆需要在一个密闭无尘，一般湿度在不低于60%、
温度在18℃以上的环境中正常结膜硬化的过程。
（范星闪）

蒲庵曰

文字记载，犀皮成熟于唐，存世实物则不早于宋，是一种古老而风格独特的磨显填漆工艺，如今已经少为人知了。犀皮作品漆面斑驳陆离，呈现出一种难以言传的奇幻之美。国内黄山市还有此种工艺传承，当地称为“菠萝漆”，是屯溪老匠人俞金海在1949年之后挖掘恢复的。

我曾在日本京都寺町通古玩店买到一件犀皮笔筒，底款“俞金海造”，五色斑斓，不过几十年前的旧物，已经显得相当古雅可玩了。

04

芙蓉蟹肉

张宗子《快园道古》记载了成化状元钱福（字鹤滩）的一则逸事：

> 钱鹤滩归田，有言江都（今扬州）妓美，即访之，既至，已嫁盐贾（即与政府盐业垄断管理机构密切合作的盐商）。公往叩求见，贾令妓出见之，衣裳缟素，出白绫帕请留诗句。公即书曰："淡罗衫子淡罗裙，淡扫蛾眉淡点唇。可惜一身都是淡，如何嫁了卖盐人。"（《快园道古》卷之二"学问部"）

有明一代，八股取士，廷杖大臣，士气斫丧忒甚，故明诗不仅远逊唐宋，甚至还不如后来的清诗。钱鹤滩就算诗才甚美了，人以为"雄视当世，才高气奇"。他人品也不差，能急人之难而不市恩，中状元之后三年就辞官归里。当然，这首即兴打油未免有点"歪"和"酸"。有趣的是，400年过去，不知沧桑几度，自今视昔，"日光之下并无新事"，美人依旧嫁与"卖盐人"，钱鹤滩者流的地位还不如当年，悲夫！

闲话少说，书归正传。

这道菜的境界即如钱鹤滩诗中所咏，最要紧的就是一个“淡”字，绝不能“嫁了卖盐人”！

蟹馔多用蟹粉、蟹膏、蟹黄，肥厚浓腴，故特意设计一款淡雅清新的菜品。此菜脱胎于鲁菜名件芙蓉鸡片，取其“一身都是淡”的格调而已。

时下中餐流行创新，讲究向日餐、西餐学习，学习内容中重要的一点就是所谓意境。诚然，以融合菜、分子厨艺为代表的西餐菜品的造型、盘饰确实夺人眼目，日餐的色、形、器也有其独特的审美情趣，但不能以此简单否认传统中餐设色、造型的意境之美，强行把中国菜放在长方形硬石板上，摆弄成稀稀拉拉、冰清鬼冷的球球蛋蛋。一般情况下，中国菜确实是以温暖、丰厚、圆满、聚而不散为美的，这与中国传统的生活审美习惯息息相关，就像不能因为中国传统戏曲喜欢“大团圆”的结局而缺少西方意义上的悲剧，即以此否定其艺术价值一样，中餐之色之形也自有其独特的意境之美，完全没有必要邯郸学步。

芙蓉鸡片恰好是一道意境层面比较淡雅清新，比较“反传统”（其实只是与多数人心目中的“传统”相反而已）的名菜。中餐素来不缺少这类菜品，可惜由于多数费工亏料，加工难度大，价格高，口味淡，对大众来讲远不如红烧肉、鱼香肉丝实惠，过去主要是为“腐朽没落的剥削阶级”服务的，1949 年以后自然就日趋式微了。其实，不要说南方菜，即便是北方有代表性的鲁菜中，这类菜品过去并不少见，如油爆双脆、扒龙须菜、奶汤蒲菜之类，如今的餐馆中已难得一见，即使偶尔上了菜单，也已徒有虚名。

以蛋白——“芙蓉”为原料的菜品在传统鲁菜中极为常见，无论用什么技法，没有独沽一味的，往往甘当背景，辅佐色淡、味鲜、质地软嫩的其他食材，如蛏子、鸭舌、水发干贝之类。蟹肉完全符合“芙蓉”的要求，故设计此菜，以蟹身白肉代替鸡胸肉烹制，并点缀些许熟瘦火腿末，衬以黑漆盘，有白雪红梅之美——一口咬定中国菜色、形缺乏意境者，不妨稍注意焉。

芙蓉蟹肉

制作方法

○主料：蟹身白肉

○辅料：鸡蛋清、熟瘦火腿末

○调料：盐、白糖、黄酒、葱姜水、清汤

○佐助料：水淀粉

○做法

①蟹身白肉撕成细丝加入蛋清中，加盐、水淀粉调匀。

②炒锅烧热，下入色拉油，将调制好的蛋清下入锅中『吊』成大而薄的『芙蓉片』。

③芙蓉片下入开水中反复煮透，去净油脂后出锅备用。

④炒锅加入清汤，下入盐、白糖、黄酒、葱姜水，下水淀粉勾成半汤芡时加入芙蓉片；继续勾芡成玻璃芡，打明油出锅装盘，撒上火腿末即可。

莳绘水八仙黑漆盘。

选取『水八仙』中的四种植物——
藕、芡实、莼菜、菱角为素材，
以抽象水纹为背景组成图案，
点缀圆形黑色餐盘的一侧。
装饰上，藕选用有一定厚度的白螺钿切割镶嵌，
莳绘金线画出藕须。
莼菜、芡实、菱角用有颜色的漆粉莳绘；
金粉莳绘表现抽象的水纹。
通过不同的材质和技法组合，
表现『水八仙』的鲜嫩、灵动。
当装饰完成后，整体擦漆、抛光，
让漆器达到厚润的效果。
黑色深邃，将装饰图案衬托得更有层次和深度。
（范星闪）

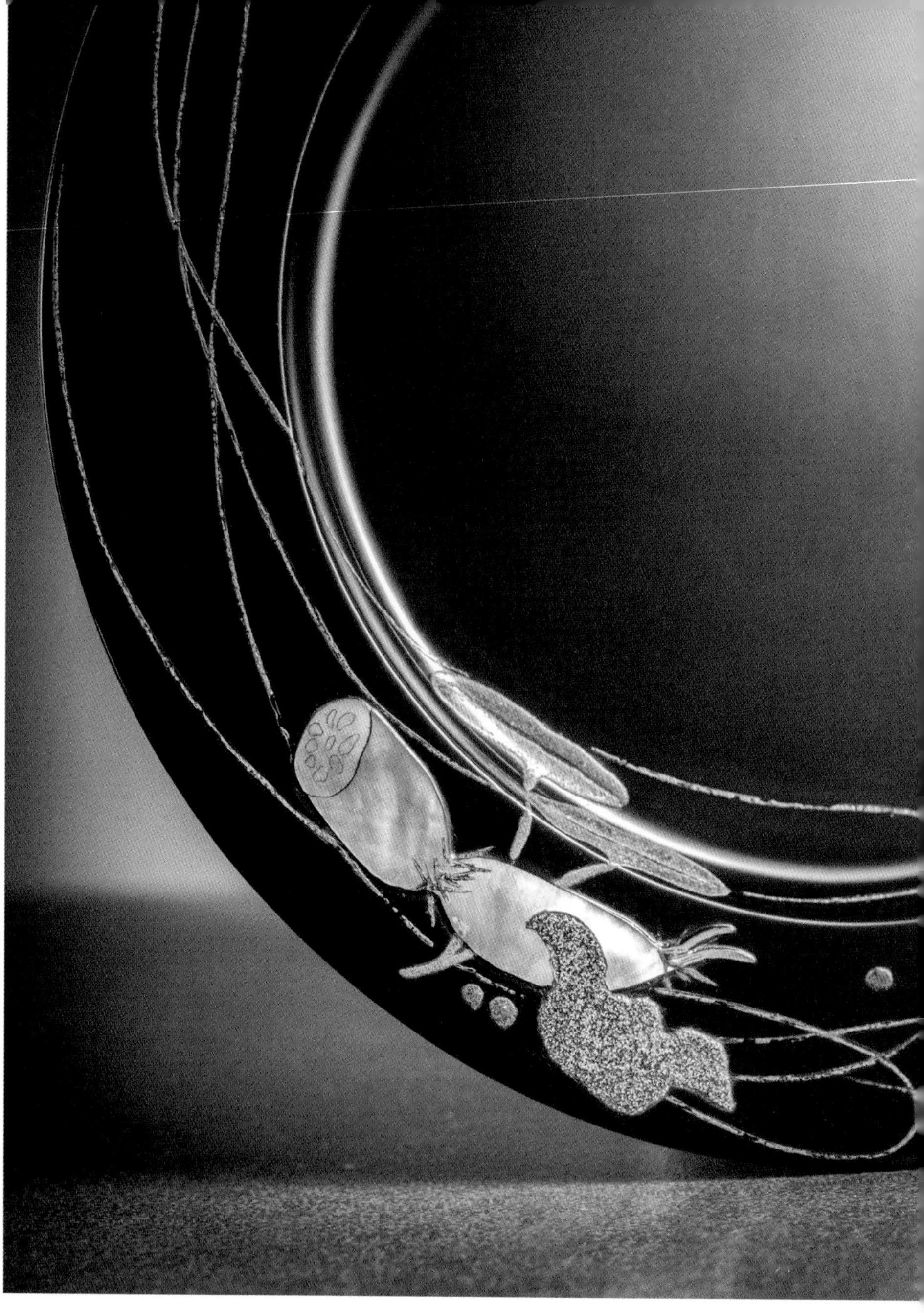

蒲庵曰

“水八仙”是苏州一带的说法，除了上述四种之外，还包括茭白、慈姑、水芹、荸荠，多数在秋天上市，食蟹的时候总能吃到几样，所以选来做蟹馔的背景。

芙蓉蟹肉纯白如雪，放在如今中餐常用的白色骨质瓷盘中，毫无美感可言；换上温润黝黑的漆盘，再点缀少许朱红色的瘦火腿屑，使人顿觉耳目一新，境界全出。

05

蟹肉响铃

这是一道下酒菜。

传统的中式宴会，酒菜、饭菜是分得非常清楚的，这里姑举一例：

> 当年一桌高等燕菜席品种是非常多的。全席分为：四鲜（鲜果），四干（干果，如榛仁、五香杏仁、糖炒桃仁等），四蜜（蜜饯），四／八冷荤，四／八炒菜。一燕菜，一鱼翅，加烧、烤，三道点心（甜咸及各吃），三大件或五大件，鸡鸭鱼蹄等。最后还有四押桌（饭菜），总要四十多道。其实到三大件上桌已没人吃了，陆续离席。（《回忆旧北京》，刘叶秋、金云臻著，北京燕山出版社，1992年，第268页）

这里需要岔开一笔，据金先生回忆，文中所谓“各吃”不是现在说的分餐位上菜，而是指北京传统的奶制品，如奶卷、奶饽饽、酪干等。

从这一小段引文，一可见旧京饭庄高档筵席的格局、规模（说实在话，是非常浪费而不健康的）；二是上了这么多菜品，

只有最后四道“押桌”菜才是饭菜，可见先上的菜品都是下酒的，酒菜、饭菜“壁垒分明”——这种区别如今已经很不讲究了。

当然，这是过去顶级的宴会，主要目的不是吃饭喝酒，而是社交应酬、办喜寿事。民间的酒菜就简陋许多，北地寒苦，随便拌个萝卜丝、白菜丝、苤蓝丝，炸盘花生米，摊个黄菜，都能配二两老白干。江南就富裕一些，家乡肉、风鸡、茴香豆、油氽臭豆腐干加一碗绍兴酒，足可消磨两个钟头。其余如东北的野味、西北的肥羊、西南的腊肉、东南的海鲜，都是当地唾手可得的下酒好菜。

酒菜自有酒菜的标准：一是味道，多数偏于厚重，因为是最早上桌的菜肴，面对的是饥饿的食客，他们此时此刻口中乏味、腹中无食，需要口味浓重、肥厚的食物来刺激一下；二是口感，与厚重的味道相应，酒菜也需要鲜明、极致的口感——或脆，或硬，或韧，总之要给唇、齿、舌、牙、口腔黏膜以比较强烈的刺激，以激发食欲。腌、腊、熏、酱、卤、糟、醉、发酵、风干、烧烤、爆、炒、煸、炸的各色菜品，都是上上之选；凉拌类的也必取或脆或韧的食材，施以麻辣、酸辣、椒麻、怪味、糖醋、蒜泥、红油、芥末之类开胃的味型。

18 年前，曾经跟北京金生隆爆肚店的老板冯国明聊起过餐配酒，他的观点，吃爆肚一定得配白酒，理由是——您喝白酒的时候，嘴里一定想嚼点儿什么。这句话对我启发不小，其实不仅是喝酒，美食应该给人带来多层次的满足，其中咀嚼的快感是非常重要的。所以，我减肥的过程中，一定要预备足够的牛干巴，实在扛不住了，就嚼上几根——酸奶之类的玩意儿，无论喝多少也不顶事啊！

不用我多说，稍懂美食的读者都知道这道菜来自杭州名菜干炸响铃，只是把猪里脊肉馅改成蟹肉馅而已；为了多裹馅料，形状也改为微型春卷的样子。设计的初衷，主要是觉得蟹馔多烩、烧、扒、蒸、炖、酿，口感偏于软、滑、柔、嫩，故特意安排一道酥脆的油炸菜品，以调剂口感；只取蟹肉，是因为油炸已经够油腻了，蟹黄、蟹膏未免多余，原作只用里脊不掺肥肉，也是此意。

苏杭自古并称“天堂”，实则杭州以风景胜，而美食不能不让苏州出一头地——这是陆文夫先生的观点，有不同意见者请找他老人家去算账。我自幼酷爱江南风物之美，早年常去苏杭一带走走，渐渐地去苏州多而杭州少了，大约与此有关。什么时候杭菜能配得上“三秋桂子，十里荷花”的湖山胜境，那该多好。

蟹肉响铃

制作方法

○主料：熟蟹肉

○辅料：油皮、葱姜末

○调料：盐、料酒、白糖、白胡椒粉、蟹油（用蟹壳熬制）、米醋

○做法

①油皮用湿毛巾捂软，揭开。

②熟蟹肉加葱姜末、盐、料酒、白糖、白胡椒粉、蟹油搅拌成馅，用油皮包裹成春卷状『响铃』坯。

③炒锅烧热，加入植物油，烧至五成热时将『响铃』坯下锅炸，控制油温不使过高，炸至金黄色，捞出装盘即可。

④可以米醋蘸食。

双色漆素髹高足盘。

不施文饰，用漆髹涂在器物表面的技法称为素髹。
常见单色漆髹，如红髹、黑髹、紫髹、绿髹、金漆（黄漆）；
或异色漆髹，即不同颜色髹涂在器物的不同部位。
这件作品就是异色漆渐变髹涂，
即红、黑两色部分各用一只发刷髹涂均匀，
中间渐变取一只干净发刷过渡，
做出两色渐变效果。从盘口到盘心、圈足到腿、圈足到盘底，
从红到黑、从边沿到圆心的渐变，
像宇宙混沌初始，好像一切都有一个向心力，
蓄积，既感觉静谧又仿佛隐藏了无穷的想象和力量。
发刷：髹漆专用工具，用女孩子的长发做成，
夹在薄木板间，上下通宽。有半通（毛发的长度是木板的一半长度）、全通（毛发与木板等长）两种。
发刷用久了可以重新开削出新的刷头，一只好的发刷可以陪伴漆艺师一生。
发刷型号宽窄不一，以适应不同尺寸的器物髹涂需要。
（范星闪）

蒲庵曰

高足盘是中国传统食器。考古虽不是我的专业，但我一直疑心高足盘跟古代礼器中的“豆”有某种联系，而“豆”就有木胎涂漆的。

20 世纪 70 年代，过春节的时候，家里还会找出四只刻花玻璃高足盘装上糖果、蜜饯、花生、瓜子之类，摆在桌上，招待拜年的客人——当然，最后往往还是便宜了我们这些小鬼。如今要找高足盘，得去古董收藏领域，日常生活中早就踪迹难觅了。这是什么道理呢？我也说不清楚。

这只高足盘完全是星闪设计的，就我的外行眼光来看并无什么动人之处；有趣的是，一旦装入炸得金黄酥脆的“响铃”，就忽然变得美好起来，而且美得那么工稳妥帖。

06

糟熘蟹柳

平生酷爱糟制的菜肴，无论是鲁菜的糟熘三白、糟煨冬笋，还是沪菜的糟钵头、糟门腔、糟毛豆，都百吃不厌。

糟香之妙，固然与绍兴黄酒有关，但比酒香来得柔和蕴藉，清新隽永，富于回味；酒香固然比糟香浓郁，但酒放少了，一加热就会挥发一部分，显得香味不足，放多了会有酒精的苦味。

现在鲁菜中糟味菜品种减少、品质下降，主要原因是重要调味料“香糟酒”不灵了。过去都是由厨师自制，制作方法称为“吊糟”：将糟泥（酿黄酒剩下的材料，也叫糟糠）、黄酒、糖桂花、食盐、绵白糖放入罐内密封（过去用坛，现在可用不锈钢桶），夏季三天，天凉时需七天，其间翻搅一次，让各种材料的味道更融合。用纱布将糟泥包裹，吊起来过滤，控出的汁滴入下面的桶内，取出糟汁。第一次吊出来的汁要沉淀一天，取上面的清汤用豆包布再过滤，才可用。这样做当然很是麻烦，可是以自己“吊”出的“香糟酒”调味，滋味大佳。如今则不然，有去买市售的“糟卤”代替的，那是江浙沪一带用来做冷菜糟凤爪、糟毛豆的，内含五香料，与“香糟酒”淡雅微甜的风味完全不同；还有的干脆以黄酒冒名顶替，那更是自郐而下了。

鲁菜口味以咸鲜为主，“糟”菜则甜味突出，清淡仿佛南味，加之色泽浅黄，芡汁较多而明亮，在一桌鲁菜中显得矫矫不群。我每每点上一道，用来调剂口味，非常容易出彩。有意思的是，公认至少比鲁菜要偏甜的苏帮菜也有糟熘鱼片，口味却是咸鲜的，一丁点甜味皆无。

糟香虽美，对菜品主料却很挑剔，倒不怕它带点腥臊气（香糟酒祛腥是毫无问题的），但总要色泽淡雅、口感或软滑或脆嫩、味道清鲜方妙，如鱼片、鸡片、鸭掌、鸭肝、冬笋、茭白之属，才值得一“糟”。

不用说，蟹柳基本上是符合这一标准的（就是颜色略重）。此菜难度除了要自己“吊糟”之外，还要求拆蟹的厨师将一条条蟹柳完整地从蟹腿中取出——卖的就是这点功夫——一旦拆碎，视觉、口感两失，就没什么意思了。

这道菜是在糟熘鱼片的基础上改造而成的，配料如果用原来的黑木耳则完全不搭调，和少刚商量的结果，改为粤菜常用的黄耳（又名“桂花耳”），其香味与香糟酒中的桂花香相呼应，口感丰腴滑润，与蟹柳搭配，若合符节，各尽其妙。

烹饪是一种艺术，但与绘画、雕塑不同，固然要重视色彩、造型，但那只是表面文章，从本质上讲，烹饪是诉诸人的嗅觉、味觉、触觉的艺术；菜品的意境主要不靠食客的眼睛，而靠他们的鼻、口、唇、齿、舌来体味，比如从宫保鸡丁联想到荔枝味，比如吃出干炒牛河的“镬气”，比如体会烹掐菜恰到好处的脆嫩口感，都是欣赏美好的意境。

反之，对烹饪艺术意境的理解如果仅限于色彩、外形甚至菜名，即使在盘中再造出一个扬州盆景、苏州园林来，再把《全唐诗》《全宋词》里的千古绝唱都用来起名，菜肴入口满不是那么回事，就烹饪艺术而言又有什么价值呢？恐怕只能算是佛家所谓的“野狐禅”吧。

食蟹的季节适逢桂花盛开，在这道甜中带咸、芡汁较多的蟹馔中加点桂花香（换个以咸味浓重、缺乏芡汁的荤菜就未必合适），不仅口味、口感上不“隔”，而且应时应景，点染秋光，境界也就不算俗气了。日本料理有所谓“旬食”的理念，即在最适当的时候采集、食用食材，我们中餐过去也是如此，“不时不食”的观念深入人心，只是近几十年随着传统生产、生活方式的剧烈变动，才逐步放弃了这个原则而已。

糟熘蟹柳

制作方法

○主料：完整的熟蟹腿、水发黄耳

○调料：盐、味精、黄酒、白糖、香糟酒、葱姜水、植物油

○佐助料：水淀粉

○做法

①蟹腿、黄耳分别飞水备用。

②炒锅中加入高汤，烧开；下入蟹腿、黄耳，加入调料，下水淀粉勾芡，淋明油，出锅，装盘。

莳绘嘉禾红漆盘。

金色稻穗饱满低垂，
采用了金粉莳绘和漆粉莳绘相结合的工艺。
稻叶子部分用黄绿漆粉撒出渐变效果，
表现稻子成熟的时节，
黄漆画出微凸饱满的稻粒，
金粉莳绘线条勾勒出稻梗和稻壳，
在红色底漆的映衬下传达出丰收的气息。
（范星闪）

蒲庵曰

“稻香蟹肥”是江南深秋的景象，古人往往把沉甸甸的稻穗和张牙舞爪的螃蟹一起写入画幅，作为文人理想中丰收之后农家美好生活的象征。当然，饱食大闸蟹、畅饮花雕酒之余，喝一碗新收晚稻的香粳米粥，也确是人生一大享受。

由于蟹腿有无法引起食欲的褐色外表，所以老早就决定这道菜一定要放在红色的漆盘里；黄耳与稻穗颜色的呼应倒在设计之外，拍出照片一看，这点呼应还蛮要紧的。

07

蟹酿橙

这是一道宋代名菜，《山家清供》记载的做法是：

橙用黄熟大者，截顶，剜去穰，留少液，以蟹膏肉实其内，仍以带枝顶覆之，入小甑，用酒、醋、水蒸熟。用醋、盐供食，香而鲜，使人有新酒、菊花、香橙、螃蟹之兴。

我手头的版本不好，句读有点小问题，比如，点成"用酒醋水蒸熟，用醋、盐供食。香而鲜……"就更通顺些。

这段文字明白如话，理解不难，只有"甑"这种专门用于蒸制食物的古老炊具如今不常用了，20世纪北京有一款小吃名曰"甑儿糕"，还用"甑"蒸熟，古意犹存。

此菜20世纪80年代就有人仿制，但似乎得其形而失其神。《中国烹饪百科全书》"蟹酿橙"辞条记载了杭州老字号"知味观"的做法：

将已经黄熟的甜橙（按一桌10人须备10只计，以下其他用料均按此类比）顶端用三角刻刀刺出一整齐规律的

锯齿形圈，揭下顶盖。剜出橙肉及汁水，除去橙核及筋渣。将 1.5 千克河蟹洗净蒸熟，剔取蟹肉、蟹黄（即通称的蟹粉，可取得共约 500 克）。炒锅置旺火上，下入熟猪油 50 克，烧至七成热，投入姜末及蟹粉略煸，倒入适量甜橙汁及碎橙肉，随即加入料酒（最好用绍兴香雪酒）、醋、糖煸熟透后，淋少许芝麻油，摊晾好分装进 10 只橙壳中，盖好橙盖。将酿好的甜橙整齐排放在深盘中，再加香雪酒 250 克、醋 100 克以及鲜菊花朵或干杭白菊，上笼旺火蒸 5 分钟左右即成。

上述做法，在我看来，问题不止一端：

其一，这是一道蒸菜而非炒菜。且不说南宋时期有没有现代意义上的“炒”菜，原文明明白白写着“以蟹膏肉实其内”——没写究竟是生拆还是熟拆，我们为了取蟹膏肉容易，先蒸后拆，尚且心中忐忑，怎么不管三七二十一就下锅炒将起来了呢？蟹粉一经调味、煸炒，本味一定会损失一部分，与橙汁结合的妙处也难以品尝出来了，而两者的搭配正是此菜设计的绝妙之处、关键所在。这一点，我们也是品尝之后才发现的，滋味之美真是言语道断。

其二，此菜蒸制在先，调味在后。原文写得很清楚：“用酒醋水蒸熟，用醋、盐供食。”我理解原文的意思是把酒、醋加入蒸锅水中，而非直接拌入蟹粉（点断原文时不加顿号最好，即使加了顿号也没有将酒、醋拌入蟹粉的意思），蒸好之后再蘸醋、盐食用。这种做法的好处是：酒、醋变成蒸汽适量渗入蟹粉，只起到祛腥的作用，既不会干扰蟹粉与橙汁结合的淡雅清新，也不会腌臜了蟹粉红、黄、白相间的靓丽色彩。同理，把橙子浸在酒、醋之中蒸制，也未必恰当。

其三，香雪酒是绍兴酒中口味最浓甜、色泽最深的一种，用在此菜中容易掩盖蟹粉的本味，讲究一点的话，用花雕就蛮好了。橙汁的酸甜味恰好够用，加入橙肉就过了，更不要说香气重拙的芝麻油了。

至于“新酒、菊花、香橙、螃蟹之兴”，香橙、螃蟹是盘中的食材，新酒是喝的，菊花是赏的，后两者皆为助兴的配置，非要把菊花撒在盘中一起蒸，就真成了焚琴煮鹤、花下晒裈了。

总而言之，古人的口味似乎比现代人清淡一些，烹饪技法也简单一些，恢复古代的菜品也应该学会像古画一样“留白”，懂得少少许胜多多许的哲学，技法宁简勿繁，口味宁淡勿重，使之有味外之味才好。

蒲庵曰

少刚在这道菜的烹制上与我有不同观点，他认为烹饪技术在不断进步，学习古代经典要师其意，技术层面大可不必胶柱鼓瑟，所以蟹粉还是要炒一炒的，只是调味料下得极少，以不破坏蟹粉和橙子的色、香、味为底线，算是部分接受了我的拙见，在《山家清供》和“知味观”之间采取了中庸的做法。

我跟少刚在美食问题上有歧见不止一天两天，也不止一件两件，争论之后能达成共识，当然痛快；谁也说不服谁的时候，不妨两见并存，以俟来者。

当然，做菜要靠他动手，自然得按他的意见来。这款“中庸版”的“蟹酿橙”亦复如是。

蟹酿橙

制作方法

○ 主料：整蟹剥出完整的蟹钳肉、蟹腿肉、蟹黄、蟹膏之后，剩余的散碎蟹肉、蟹黄、蟹膏（以下简称『蟹料』）

○ 辅料：橙子、葱姜末

○ 调料：盐、白糖、米醋、大红浙醋、黄酒

○ 做法

① 选橙子10只，用戳刀取下橙盖，将橙肉取出。

② 炒锅下入蟹油（用蟹壳熬制）烧热，加入葱、姜末煸出香味，下入『蟹料』煸炒，再加入蟹水（用蟹壳熬制）、盐、黄酒、白糖、大红浙醋少许，调味料的比例要适当，不宜过重，突出蟹的鲜、香、甜；最后加入蟹油，成为蟹粉。

③ 炒热的蟹粉装入橙子内，盖好盖；蒸锅内加入水、米醋、黄酒。开锅后将橙子放在蒸屉上蒸10分钟，取出装入盛器即可。

朱漆素髹仿宋莲花盏托。

顾名思义，这个器皿以前是放茶盏用的，
整体用了一朵绽放的莲花造型，
花瓣方便人们取用，中间莲蓬的空心造型
用来盛放器皿。
莲花盏托用素髹工艺传达出安静的美，
素髹工艺与器物的造型相称。
这种审美盛行于宋朝，宋朝人爱花，
有很多单色梅花盘、葵口盘，
宋代的瓷器中也常见到这种造型手法。
（范星闪）

蒲庵曰

这种带高足的盏托在越窑青瓷中就有，是明、清两代茶船的前身，偶尔看表现西藏贵族生活的影视作品，还能找到唐宋盏托在近代的遗存。

考虑到橙子的外形，放到哪种现成的食器上都不会太美观，灵机一动，想起了盏托。宋代的一些茶碗外形与橙子有接近之处，何况蟹酿橙本来就是一道宋代的名菜，就想拷贝一下。

历代盏托多为瓷质，偶见有雕漆的，未免失之雕琢，于是决定试试素髹。由于橙子是橙红色，用正红色器皿怕压不住色，漆色就定为深沉大气一点的朱红。

此器制胎的难度在这组作品中仅次于两件脱胎器皿，要分成三截制作，最后再粘合成完整器型。

效果如何，不用我饶舌，读者诸君看图便知端的。

08

一品蟹腐

蟹粉豆腐是江南最常见的一道蟹馔，蟹粉如今非常容易得到（品质如何是另一回事）；烹饪技法层面并没有什么特别的难度，理论上讲，家庭制作毫无问题。

当然，不同的情况下，成菜品质差距之大也是惊人的。蟹粉是罐头、速冻的还是活蟹现蒸现拆的，蟹的产地、饱满和新鲜程度、拆蟹手艺，乃至蟹粉和豆腐分量的比例，都会影响菜品的质量。

但是，无论多好的手艺，也无论投入多少肥美的蟹粉，这道菜都有一个无法克服的短板：烧好之后，蟹粉还是蟹粉，豆腐还是豆腐，除非搅烂成泥，否则两者无法充分融合，豆腐中永远缺乏蟹粉的滋味。多加蟹粉也无助于情况的改善，只会使整道菜变得更加肥腻而已，不得已，还得加入姜醋汁解腻祛腥。

我琢磨着改良这道菜不是一天两天了。

首先解决豆腐入味的问题，这就自然要借鉴名菜“一品豆腐”。说穿了，无非是把嫩豆腐碾碎，掺入蟹身白肉，同时以鸡清汤增鲜入味，再重新定型而已。这是传统中餐的常规手法，毫不稀奇，只是过去主要用于宴会菜，操作麻烦，随着中餐饮

食文化日趋没落，消费得起高档宴会的客人多数并不识货，于是使用得越来越少罢了。

豆腐既已入味，就大可不必再烩入肥厚的蟹粉糊，只要在豆腐上放一块完整的蟹黄，浇上勾玻璃芡的鸡清汤就好，油腻的问题自然解决。

最后不能忘记祛腥散寒、“吊”出蟹香，要在蟹黄上放一小撮姜末。不要小看这点姜末，厨师水准的高低上下往往在这样的细节上暴露出来。我借鉴南京菜的技法，要求用“桂花姜末”。简言之，只许切，不许剁，粒粒细小均匀，没有毛刺，放在橙红色的蟹黄上，娇黄的一小簇，仿佛初放的金桂，才算合格。

这样改良过的蟹粉豆腐当然是分餐各吃，原来曾想装入蟹壳，考虑到操作过于繁缛，食用不够方便，蟹壳的清洁也是问题，只好将此想法割爱了。

一般情况下，我主张追求原汁本味，反对过分改变食材的形态，但当豆腐遭遇蟹粉，不出此重手难以达到珠联璧合的效果，偶尔反其道而行之，突出奇兵，也算美食之道的变格吧。

一品蟹腐

制作方法

○ 主料：自制北豆腐、蟹身白肉、蟹黄

○ 辅料：鸡蛋、姜汁、姜末、清汤

○ 调料：盐、糖、淀粉

○ 做法

① 豆腐磨碎过罗，加入清汤、蟹身白肉、盐、姜汁、淀粉重新定型，蒸 10 分钟取出，改刀成长方块。

② 蟹黄放在豆腐上。

③ 清汤加底味勾玻璃芡浇在豆腐上，把姜末放在蟹黄上即可。

金莳绘螺钿桂花耳杯

耳杯，又名『羽觞』，
关于它的典故最风雅有名的当属『曲水流觞』。
耳杯可以用来饮酒和放酱料等，
汉代就有便于携带和收纳的耳杯套盒，
有的会在杯底写明用途。
桂花飘香的时节，正是赏花吃蟹的好时节。
故装饰主题选用桂花。
桂花用螺钿镶嵌，树叶用金粉勾勒莳绘，
桂花与桂树叶之间洒银片过渡，
仿佛桂花的香气弥漫开来，实现视觉与嗅觉的通感。
（范星闪）

蒲庵曰

多年不看电视了，其中一个重要原因就是受不了伤害，特别是古装戏。看到一帮穿着所谓古装的演员，操着半文不白、狗屁不通的汉语忸怩作态，马上能起一身鸡皮疙瘩。再有就是道具穿帮，曾经见过几位三国英雄一人捧一青铜爵装模作样互相敬酒，真想找个地缝替他们钻进去。那玩意儿不重吗？那是古代注酒用的礼器好吗？

看来剧组的各位大爷真是不知道世界上还有个耳杯。

耳杯的材质多样，历史至少可以追溯到战国——即便按当代的标准，考古挖掘出的战国漆耳杯无论造型还是装饰工艺都已经相当成熟而且精美了——从那时起直到晋代，耳杯都是流行的饮酒器。

这次特地创作一件耳杯，多少也有斗胆向古代的前辈艺术家致敬的意思。

09

全蟹锅塌豆腐

“拾掇”完了南方的蟹粉豆腐，目光自然转向了北方的锅塌豆腐。

这道山东名菜在原产地的最早做法是两片豆腐夹上虾肉泥，制成几个“豆腐合”(鲁菜习惯把这种夹了馅的食材称为“合”，如两片猪腰中间夹入鸡胸肉泥和一片肥猪肉，外面贴上一片青菜叶，挂糊油煎，再塌，名为锅塌“腰合”；家常菜则有以藕片夹肉馅的炸“藕合”)，下烧热的油锅，倒入打好的鸡蛋液，煎成饼形后加少量汤，略塌，大翻勺，再塌一会儿，出锅。成菜上桌时还是一个完整的鸡蛋饼，仿佛“摊黄菜”。这种“古法”锅塌豆腐并未失传，前几年我在北京的一家山东人开的餐厅还尝到过，用筷子拆成大块食之，家常风味十足，印象深刻。

后来的山东厨师——我怀疑是进入北京或济南这样的大城市以后——对这道菜进一步改良，省略了虾肉泥和鸡蛋饼，每块豆腐分别挂蛋糊，油煎后再塌。这一下子提高了技术难度：一是收汁到装盘的过程中豆腐块非常容易脱糊；二是豆腐本身缺乏鲜味，没有虾肉的帮助，完全靠好汤入味增鲜，无形中提高了对高汤品质的要求。最难能可贵的是，这种改良全面提升

了此菜的文化品位，把一道家常风味的菜品升华成了简洁大方、清新淡雅、耐人寻味、可以登大雅之堂的经典之作，而且貌似简单易制，实际上是颇能考校厨师功力甚至整个餐厅后厨的烹饪技术乃至艺术水准的。

对这样一道经典“太岁头上动土”，着实大胆，狗尾续貂、佛头着粪之讥恐怕是难免的。而且我和少刚之间无论复古也好、创新也罢，在技术细节上虽有争执，多数情况下最后都能达成共识，这次少有地出现了分歧。

传统中餐常用“吃 × 不见 ×”的手法体现菜肴品质和品位的高端，如芙蓉鸡片的“吃鸡不见鸡”、刀鱼汁面的“吃鱼不见鱼”之类。总之要想方设法改变食材的外形、口感，目的主要是规避食材的某种缺憾（鸡胸肉熟后质地粗老、刀鱼多刺），以突出其优势，同时使食客得其味而不见其形，一旦说破，还会产生惊喜甚至惊艳的审美愉悦。

我设计“全蟹锅煽豆腐”就是继承这一手法，寓创新于复古之中，复古而不泥古，用其意而不泥其形。

把蟹黄碾碎打入蛋糊中，少刚不仅赞成，而且认为极妙。问题出在豆腐上：我主张就用前面一道改良版的蟹粉豆腐中的“豆腐”直接煽，而且“豆腐”重新蒸制成形过程中自然产生的微孔更容易吸入汤汁，增鲜入味；少刚认为品尝这道菜吃出豆腐本来的质地和味道特别重要，主张还是用山东“古法”，以两片豆腐夹上蟹肉馅来𬊈。

争论的结果，谁也不能说服谁，只好将两种做法都“记录在案”，以俟后来的知味者了。

全蟹锅𬊈豆腐

制作方法

○主料：韧豆腐、蟹黄、蟹肉

○辅料：鸡蛋、面粉、葱、姜、高汤

○调料：盐、料酒

○做法

①韧豆腐改刀成长6厘米、宽3厘米的长方形薄片，撒上盐，再加入葱姜水、料酒入味。

②蟹黄碾碎，打入蛋液中。

③豆腐蘸上面粉，两片中间加入适量蟹肉，蘸蛋液下锅煎至两面金黄，捞出备用。炒锅放底油，下入葱姜丝爆香，加入高汤，葱姜丝捞出，下入煎好的豆腐，加少许盐、料酒，小火煨透。

④剩少许汁时捞出装盘，余汁浇在豆腐上即可。

高莳绘水草黑漆盘

黑色漆面经过多次髹磨抛光，
温润光泽代替了表面浮光，
黑色漆盘有了深度，仿佛一泓安静的水面；
水草用几种不同的绿色干漆粉莳绘、罩漆、研磨出来，
带有浅浅的浮雕效果，这种技法也叫高莳绘。
整体看上去，感觉绿色的水草在水中盈盈摆动。
（范星闪）

蒲庵曰

说实话，这个圆盘是这组漆器中比较质朴的一件，但金黄色的豆腐放在里面，一样显得光彩焕然。

记得20世纪七八十年代，北京国营餐饮老字号多数还在用青花瓷。青花瓷没毛病，关键是拿来营业的都是低档货色，胎、釉、青花俱都粗糙，盘碗边上破个碴口那是司空见惯，绝不会有客人大惊小怪。后来南风北渐，粤菜流行，讲究一点的餐厅都纷纷换上了骨质瓷，从质地来讲，确实进步了，但满满一桌大白盘子大白碗，也实在够瞧的。厨师想美化出品，就得往萝卜花上做文章。后来又学西餐、日餐的盘饰，或者干脆引进人家的餐具，而置先民留下的曾经无比辉煌的传统陶瓷、金属、髹饰工艺于不顾。

我们没有能力改变这种现状，做点费力不讨好的工作只是想告诉有志于改变中餐餐具的朋友们，不要再“捧着金饭碗讨饭吃”。

汤

10

氽大甲

此菜见诸梁实秋先生的大作《雅舍谈吃·蟹》:

在北平吃螃蟹唯一好去处是前门外肉市正阳楼。他家的蟹特大而肥，从天津运到北平的大批蟹，到车站开包，正阳楼先下手挑拣其中最肥大者，比普通摆在市场或摊贩手中者可以大一倍有余，我不知道他是怎样获得这一特权的。蟹到店中畜在大缸里，浇鸡蛋白催肥，一两天后才应客。……在正阳楼吃蟹，每客一尖一团足矣，然后补上一碟烤羊肉夹烧饼而食之。酒足饭饱，别忘了要一碗氽大甲，这碗汤妙趣无穷，高汤一碗煮沸，投下剥好了的蟹螯七八块，立即起锅注在碗内，洒上芫荽末、胡椒粉，和切碎了的回锅老油条。除了这一味氽大甲，没有任何别的羹汤可以压得住这一餐饭的阵脚。以蒸蟹始，以大甲汤终，前后照应，犹如一篇起承转合的文章。

我以为，梁先生的美文还忽略了一个关键的细节——醋，此菜味型应为鲁菜特有的“醋椒口”，如果只有胡椒粉、芫荽末，而不加醋祛腥、增香、提鲜，这道氽大甲一定功败垂成!

9 1 。

川菜号称“一菜一格，百菜百味”，“鱼香”“荔枝”“麻辣”“蒜泥”“陈皮”“家常”“椒麻”……复合味型之丰富多彩、变幻莫测独步天下。但“戏法人人会变，奥妙各有不同”，其他菜系在这一点上固然要让川菜出一头地，却也自有其不可替代的长处，醋椒口即为鲁菜独擅胜场的复合味。

所谓醋椒口，讲究以高汤为基础，胡椒、醋、盐为主体，辅以芫荽（有时还加入葱白），形成酸辣、咸鲜、香醇的口味特点，饭前可以开胃，餐后可以醒酒，如果调和得当，滋味之美妙不可言，多用于汤菜或半汤半菜，代表菜品有醋椒鱼、侉炖鱼、山东海参、酸辣汤、烩乌鱼蛋汤等。奇怪的是，除了酸辣汤和烩乌鱼蛋汤之外，不知什么缘故，其余的吃法已不常见了。

蟹螯肉有人以为肉质丝丝缕缕宛如瑶柱，其实鲜贝甜味可与之相提并论，鲜香犹有不及；干贝之鲜味浓郁过之，口感却失之粗老，鲜嫩远逊。但螯肉亦有不及鲜贝处：外有覆盖绒毛的硬壳，内藏联系蟹钳爪尖的骨质薄片，剥出之后即刻散乱，食之难以纵情。故将其投入鲜汤，可以无所顾忌，大口啜之吸之嚼之吞之，快心之至！

至于回锅老油条，既不健康，也难找到合格的出品，我们就用现炸的排叉代替了（这一点借鉴了粤人食粥配薄脆的习惯）。出人意表的是，排叉在这道菜中的地位竟然如此重要，它不仅能贡献酥脆的口感，还能增添油炸面食特有的香味，提升醋椒口的整体效果，加与不加，滋味有天壤之别。极而言之，就算所有其他内容全都到位，只有排叉缺席，这道菜也不过是加了蟹螯的酸辣汤而已。一旦投入排叉并将其戳碎食之，即刻“风云变色”，汆大甲特有的韵味油然而生，使人不禁投箸而兴观止之叹。

汆大甲

制作方法

○主料：完整的熟蟹螯肉

○辅料：排叉、芫荽末

○调料：盐、料酒、米醋、白胡椒粉、清汤

○佐助料：水淀粉

○做法

①蟹螯肉放入汤盅。

②炒锅中加入清汤、盐、料酒、米醋、白胡椒粉，烧开，勾薄芡冲入汤盅，撒上芫荽末。连同排叉一起上桌。

贴金夹纻莲蓬汤盅。

盛夏时候采来新鲜的莲蓬，用传统的夹纻工艺反裱的方式，在汤盅开盖的位置将莲蓬分成上下两部分，做了石膏翻模。

刮漆泥——刮漆灰——刮漆泥——裱布，依此顺序，重复三遍。

莲蓬的外形完整地保留了下来，并成为一个中空的器皿。脱石膏胎是一个让人兴奋又略带紧张的环节，由于事先涂了隔离剂，汤盅下半部分的喇叭形比顶部结构简单，比较快地取了下来。而上半部分有莲子和不规则的边缘，取下来还真的费了点精力。不过很令人满意的是，莲蓬的外形保持得非常好。

再经过多次内外修整，并在上半部分增加盖子的子口，上下合体时，器物不但呈现出莲蓬的形态，而且已经是一个可以使用的汤盅了。

刚刚脱胎的器物虽然造型的视觉效果不错，可是漆泥质地较软，需要考虑器物的实用性和日后的保存，所以又在表面多次擦漆，让生漆渗透到漆泥内部，漆泥结构强化，变得结实。

经过擦漆处理，表面颜色变深了，还泛起了温润的光泽，可惜色彩稍显沉闷。为了让这件器物变得美观又有独特的韵味，我在表面满贴金箔，打磨掉部分金箔后继续擦漆，让金更加沉稳，丰富表面的质感，最终呈现出做旧的斑驳肌理。（范星闪）

蒲庵曰

中国是荷花的主要原产地。从《诗经》时代开始，荷花就开始从国人的生活领域进入艺术领域；南北朝以后，大约沾了佛教的光，莲花、莲蓬、荷叶、莲藕逐渐成为中国古典艺术创作中常见的元素，表现出中国文化特有的审美情趣。

借鉴莲蓬的造型创作实用器，并非我们的发明，最常见的是宜兴的紫砂莲蓬壶，似乎还在哪里见过青瓷的莲蓬盅。

这件莲蓬盅的主要特点在于使用了古老的夹纻工艺，造型完全从实物翻模脱胎而来，给人真实而浪漫、精巧而朴拙的美感。夹纻工艺在南北朝之际曾经大行其道，主要用于塑造佛像，日本奈良唐招提寺所藏著名的鉴真像就是用鉴真本人传到日本的夹纻工艺塑造的。遗憾的是，这种技艺在国内零落殆尽，只剩福州地区的少数艺人还在进行创作。

11

海参虾丁烩蟹白

此菜灵感源于烩三丁。唐鲁孙先生所著《吃在北平》(《中国吃》，大地出版社，2012 年，第 24 页）中记载：

南城外本来也有几个像样的大饭庄子，……后来陆陆续续撑持不住，关门歇业，最后只剩下一个取灯胡同“同兴堂”。

…… ……

他家有一点一菜都很出名，菜是“烩三丁”，所谓“三丁”是火腿、海参、鸡丁。火腿不用说要选顶上中腰封；海参当然是用黑刺参，绝不会拿海茄子来充数；至于鸡丁，必须是带鸡皮的活肉，不能掺一点儿胸脯肉。因为用料选得精，再加上所有芡粉是藕粉加茯苓粉勾出来的，薄而不泻（澥），因之吃到嘴里，没有发柴发木的感觉。

我在一篇文章中写过：

都说日本料理是“用眼睛吃的”——意谓其色彩、造型丰富、漂亮，于是有人对中餐进行“改良”，生吞活

剥日餐，殊不知传统中餐本有一套自己独到的配色、造型美学体系，只是如今被偷工减料，浪掷闲抛，遗忘太久了。比如这道烩三丁，三款主料分别是深红、灰褐、浅黄，颜色配得何等俏丽啊，以浅米黄色的鸡汤一烩，醇鲜、滑润、肥嫩兼而有之，哪一点比日本料理逊色了？（《先生馔——梁实秋唐鲁孙的民国食单》，生活·读书·新知三联书店，2016 年）

以蟹白入馔，有一点难度，主要是量少，一只公蟹里只有那么不大的一块；另外，其本身几乎就是一块纯粹的动物油脂，黏黏糊糊的，选择配料和烹饪技法的余地不大。

烩成汤羹是个不错的选择，不仅可以解决主料量小的困难，而且以勾了芡的汤汁做背景，蟹白口感的黏腻不会那么突出。

剩下的问题就是选择合适的食材来配（谁让它量少的！）：

先说口感，不知道为了什么，我总觉得蟹白不适合配或脆或硬的食材，只能用软的或滑或嫩或酥烂的食材来衬托，方显其美，所以选了软滑中带一点弹性的海参和软嫩中带一点韧性的虾肉。白色半透明如羊脂玉的蟹白，配灰褐色的海参和粉红色的虾肉，从食材配色层面亦无可挑剔。最后是味型，考虑到蟹白的油腻，以及三种食材都略带腥味，我主张还是选择鲁菜拿手的醋椒口祛腥提鲜，比较合适。

顺便说一句，如今创新有一个趋势，似乎一道菜里的食材越多越好，烹饪过程越繁复越好，调味料越丰富越好，最后形成一锅莫名其妙、不知所云的大杂烩。反观传统中餐的经典菜品，除了少数什锦、杂烩类菜肴（如全家福、佛跳墙、一品锅、罗汉斋）之外，无不强调主料突出。像烩三丁这样一道菜中存在三种并重的主料，几乎已经是常规菜品主料数量的极限了——多数只有一两种。

堆砌食材、过度烹饪、过度调味绝不是中餐改良的正道，全世界有哪一个国家或地区的烹饪体系是以“折箩”（老北京以及河北地区的一个特有名词，《北京土语辞典》解释为：“酒席吃罢，剩下的菜肴，不问种类，全倒在一块儿……也叫‘折箩菜’。”）为主要特点的呢？望有志于改良中餐的厨师和专为这种改良捧场的美食家们有以教我。

海参虾丁烩蟹白

制作方法

○主料：蟹膏、海参、大虾肉

○辅料：香菜末

○调料：盐、料酒、米醋、白胡椒粉、香油、清汤

○佐助料：水淀粉

○做法

①蟹膏、海参、虾肉分别改成小丁，飞水备用。

②汤盅里加入米醋、胡椒粉。

③炒锅中加入清汤，加入盐、料酒调味；下入主料，烧开，勾薄芡，点少许香油，冲入汤盅，撒上香菜末即可。

夹纻荸荠汤盅

南北朝时期佛教兴盛，夹纻工艺大量用于佛像的塑造，这种方法造的佛像质地轻而坚牢，不受造型和体量限制，历久不坏。这种工艺的大致做法是，在泥塑像完成后用漆糊将麻布裱在塑像外，刮漆灰、漆泥，经过五六道麻布和漆灰层叠，就可以将泥胎取出，成为一个中空的造像后进行表面的髹饰。

不同于莲蓬汤盅的石膏翻模反裱，荸荠汤盅的制作用的是泥塑脱胎工艺，这种工艺在塑形过程可以加入更多的创作想法。

这件器物强调荸荠芽头的特征，其他部分进行提炼、概括处理。整体形态塑造好后，就可以脱胎了，泥湿润后从底部取出，就是一个荸荠的形态了。之后在荸荠芽和肉的分界处，随形锯开分为上下两部分，『芽头』成为盖子的天然提手，盖子内部加了子口，是用布和有一定硬度的纸裱糊刮灰最后与盖子成为一体的；下半部分本是没有底的，在玻璃上用麻布和漆灰平裱做好板后取下，根据需要的形状锯下来裱在底部，这样就成了汤盅。

汤盅成型之后，经过多次擦漆、抛光，做出深色亮皮的效果，漆层隐隐半透的金棕色感觉更接近真实荸荠的质感。（范星闪）

蒲

蒲庵曰

时下中餐分餐制汤盅的器型基本源于粤菜，细分的话，除了大小不同，还有鱼翅盅、鲍鱼盅的区别。上述器型的优点是方便实用，成本低廉；缺点是颜色、造型千篇一律，殊欠美观。

作为饮食文化的一个组成部分，怎么强调餐具的重要性都不过分，郓城小吏宋公明尚且懂得欣赏“美食美器”，现代人总不能退步太多。

当然，本书中的作品只是提供一点新的思路，相信不大有推广普及的可能；没人会开概念车上街，也没人会把时装秀的时装穿到办公室，但概念车和时装还是有它们的特殊价值的。

12

蟹黄酸菜炉肉火锅

上小学的时候，我一度似乎得了“阅读饥渴症”，什么书都想找来翻翻，而那时的新华书店里顶好玩儿的书也就是“评法批儒”时丑化孔孟，美化商鞅、韩非、王安石甚至盗跖、洪秀全的货色。可怜我读历史小说的入门书是姚雪垠的《李自成》，当时没机会见识高阳先生的大作，觉得姚书好得不得了——上高中时才读到《慈禧全传》，当然如醉如痴，惊为天人。

高先生的小说有一点实在深获我心，就是时不时在作品中用工笔点染种种美食，吻合情节、人物，自然妥帖，而且不愧是世家子弟，下笔俱有来历、有见识，雍容大雅，毫无寒乞相，绝不生造硬凑、獭祭成篇。《粉墨春秋》一书中写主人公金雄白（1904—1985，江苏青浦人，记者、律师，抗战期间任汪伪中央候补执行委员，胜利后被国民政府以汉奸罪判处有期徒刑，1949 年后移居香港，著有《汪政权的开场与收场》；子孙留内地，皆以著史为业，子享大名于时）到哈尔滨一家皮货店的旗人掌柜家吃火锅一节就使人食指大动：

> 走到饭厅中，只见圆桌中间摆着一个紫铜火锅，高高的烟囱中，蹿出蓝色的火焰；关外春寒犹重，一看便有

温暖亲切之感。

等客人坐定下来，调好作料斟满酒，那掌柜举杯相敬，笑着说道："没有什么好东西请贵宾，除了肉就是鱼，简直跟二荤铺一样。"

这是客气话，光是那只火锅就很名贵；名为白肉血肠火锅，锅底却有鱼翅、燕窝、哈士蟆、紫蟹、白鱼、风鸡之类；这些珍贵食料却全靠一样酸菜吊味。酸菜切得极细，白肉片切得极薄，入口腴而不腻，鲜嫩无比，那股纯正的酸味，开胃醒酒，妙不可言。金雄白虽精于饮馔，这样的火锅，也还是第一次领略。(《粉墨春秋》，时代风云出版公司，1990 年，第 600 页)

金是青浦（今属上海）人，大约没少吃菊花生片锅，遇到这发源于白山黑水间的火锅隽品自然就难免有观止之叹了。如今就算到了东北，恐怕也难以吃到如此讲究的火锅了。幸好，唐鲁孙先生在《岁寒围炉话火锅》中也记载了同样的吃法，足证高先生并非向壁虚构：

从前北宁铁路局局长常荫槐最讲究吃这种东北式火锅，……什么白鱼、蟹腿、山鸡、蜊蝗、蛤士蟆、鱼翅、鹿脯、刺参，东北的珍怪远味，无所不备，加上薄如高丽纸的白肉、细如竹丝的酸菜，锅子开锅一掀锅盖，连二门外都闻到香味，凡是吃过的人，无不认为是火锅中极品。(《什锦拼盘》，大地出版社，2008 年，第 161 页)

酝酿蟹筵的过程中，我在北京电视台得遇“天福号”“非遗”传人冯君堂先生。当天录制节目的内容有一部分是介绍炉肉，“天福号”恰好恢复了这一北京传统美食。我向冯先生请教炉肉知识的时候灵机一动，想到用炉肉代替白肉，做一个酸菜炉肉火锅。炉肉的烧烤香味配酸菜的酸鲜应该没问题。东北的酸菜白肉火锅里不是有紫蟹吗？这款火锅里要再加上蟹黄怎么样？冯先生说得好：“炉肉是‘百搭’，配什么都好吃。”而且赠送现烤的炉肉一方，供我试验；还特别告诉我，片炉肉片出富余的料头应该用来吊火锅汤底，炉肉要先蒸好，上桌前铺在酸菜表面，见开儿就得。

此菜上桌，恰好在宴会的中间，饫甘餍肥之余，喝一碗清酸鲜爽的热汤，座上人人称美，被我死乞白赖强邀来的董秀玉先生尤其叹赏不置。

蟹黄酸菜炉肉火锅

制作方法

○ 主料：蟹黄、炉肉

○ 辅料：酸菜、葱、姜、高汤

○ 调料：盐、料酒、白胡椒粉

○ 做法

① 炉肉改刀成长15厘米、宽5厘米的厚片，加入葱、姜、高汤上蒸箱蒸20分钟取出备用。酸菜飞水备用。

② 火锅以酸菜垫底，炉肉整齐地码放在酸菜上，蟹黄放在中间。

③ 汤中加入炉肉料头，略煮，捞出料头。加盐、料酒、少许白胡椒粉调味，烧开，缓缓倒入火锅中，盖上盖。

④ 火锅下点小火，开锅后即可食用。

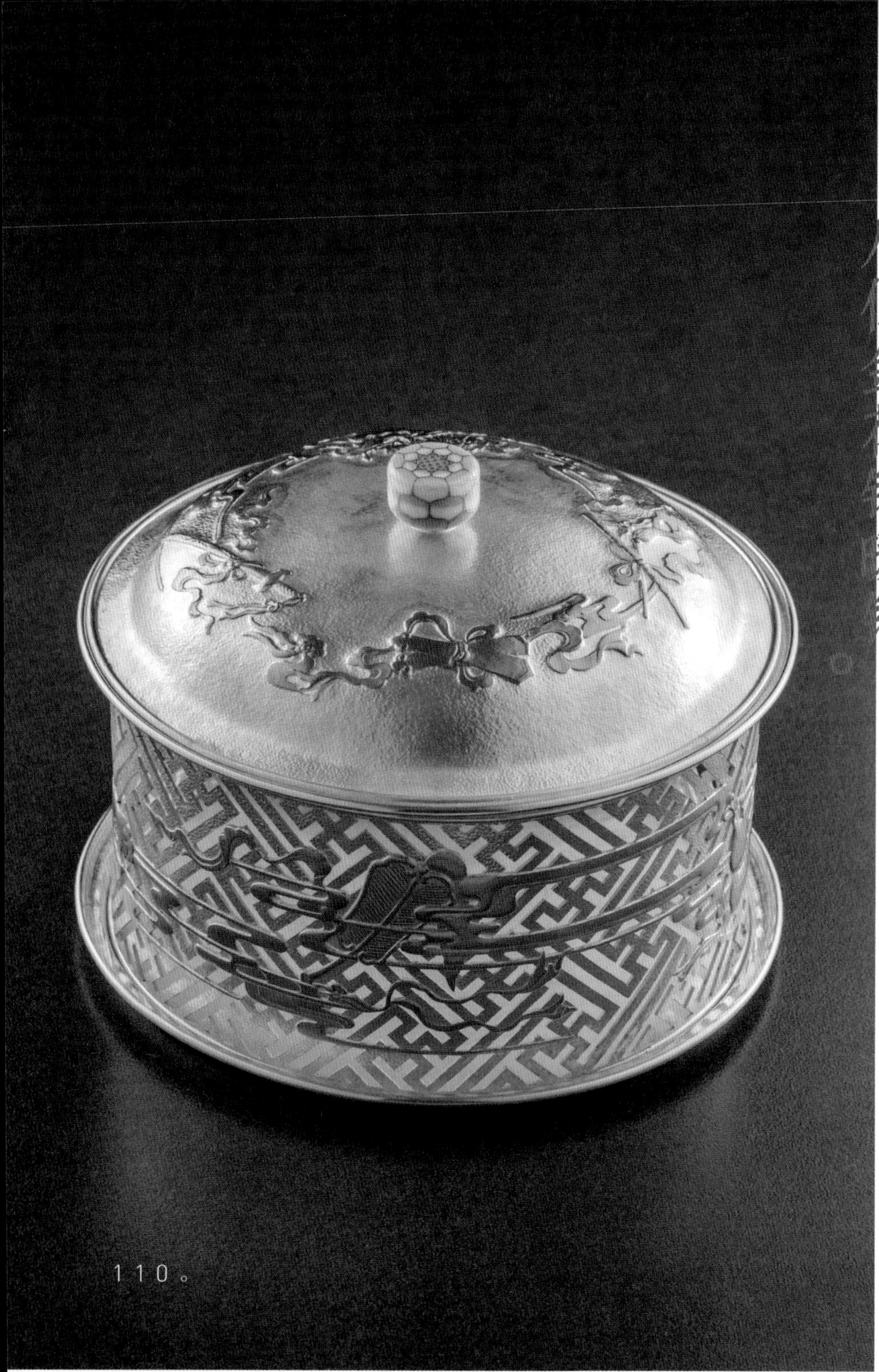

掐丝珐琅莲花钮八仙金花银暖锅。

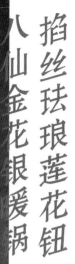

此暖锅高18厘米、径23厘米，是『金花银器』与『珐琅』相结合的作品。
所谓『金花银器』是指器物主体用银制作，
而器物的錾刻图案用鎏金工艺着色，如今则常采用电镀金的方式完成。
金银光泽交相辉映，辅以盖钮上淡粉色的掐金丝珐琅，
器物呈现出独特的形式美感和艺术情趣。
暖锅材质选用纯银。银具有很好的导热性，能使暖锅内食物得以迅速加热，
盖钮则在表层掐制金丝烧珐琅。珐琅具有一定的隔热效果，
因此在拿取锅盖时不至于烫手。
暖锅的锅盖、锅身、托盘均采用手工一体锻造而成，
而后做浮雕并用錾刻工艺装饰，浮雕錾刻图案镀金；
桶身则先锻造出浮雕图案，而后手工锯出镂空效果的『万字不到头』纹样。
装饰图案以我国传统的『暗八仙』纹样为主题并重新绘图设计，
『暗八仙』即我们所熟知的道教八位仙人手中的八种法宝，
每件法宝有着不同的吉祥寓意。
盖钮以莲花纹做装饰，线条选用金丝掐制，颜色与锅盖、
桶身镀金图案相呼应。（刘高品）

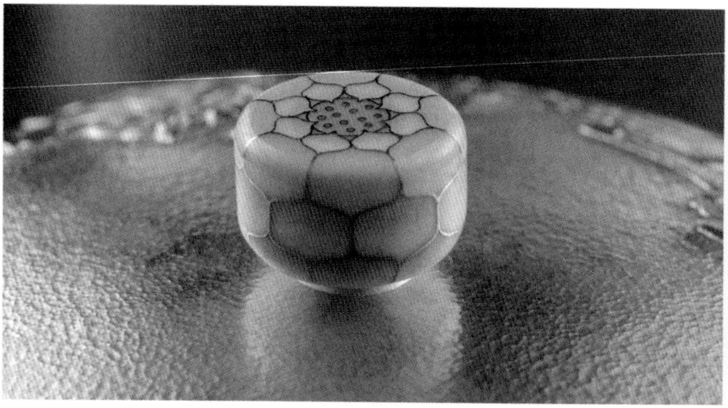

蒲庵曰

我国的火锅分成两大类：涮锅和暖锅。前者用于烫熟生鲜的鱼肉蔬菜，后者则用来盛装已经烧熟或者半熟的各色食材，主要起到加热和保温的作用。我们创作的是暖锅。

有研究者认为，现代人喜欢吃火锅，与清代宫廷食俗有关，比如康熙、乾隆两朝举办的“千叟宴”，主菜就是火锅。这多少有些道理。我从一些资料上看到，故宫博物院收藏的火锅确实不少，而且形制、功能各异，工艺也有粗精之别，当然比如今市场上售卖的要漂亮多了，不过，其中绝大多数跟同时代其他食器如瓷器相比还难以称为艺术品。

此款设计所用的元素包括器型都是传统的，但还是希望能表现出些许新意。至于效果如何，只有见教于大方之家了。

点心

蟹粉拌面

这道面点是上海致真酒家的老板徐家华先生发明的。

徐老先生是道地的上海人，20世纪60年代中学没毕业就去了香港，学习玉雕起家，在翡翠行业算是前辈了。香港回归之后，觉得生意成了一班新人的天下，作风与传统行规迥异，遂审时度势，急流勇退。暮年还乡，忽然想起每次“赌石”赚了钱，都要去香港的餐饮名店大吃大喝一番，“一辈子挣的钱都被餐厅赚去了，干脆开一家餐厅再把钱赚回来”，于是沪上有了一间致真酒家。

我与徐氏父子结缘于2006年，“致真”北上京华开设分店，饱饫两头乌红烧肉、葱姜“六月黄”大闸蟹、清蒸仙居童子鸡之余，发现那时的内地居然就有自己开办农场生产地方特色食材的餐饮企业。多年以来，向他们学了不少东西，哪怕北京店后来由于时运不济不得不歇业，我们依然是朋友，每到上海，总要叨扰一餐，顺便向两位请教一二。

两位徐先生都爱吃蟹，按他们的作风，一定要办自家的湖蟹养殖场，地点选在水质清爽的苏北宝应湖。这样一来，无论是盛夏时节吃“六月黄”，还是研发各色蟹馔，都是“要风得风，要雨得雨”，“折腾”出“一天星斗”也自无妨的。

至于蟹粉拌面，我以为脱胎于上海历史“名面”——开洋葱油拌面，并青出于蓝而胜于蓝，色、香、味乃至格调都是后来居上，其美妙鲜香，非笔墨所能形容。徐老先生有此一样发明就足以“笑傲江湖”了，要知道，绝大多数人做了一辈子餐饮，也未必能留下一道值得传世的佳作。

中餐有个美好的传统，在米饭、面条等简单的主食上浇以极其浓厚、鲜醇的汤汁或带汤汁的软、烂、滑、嫩的菜品，以便更深入地展示汤汁或食材之美，经典之作包括鱼翅捞饭、鲍汁捞饭、糖醋瓦块鱼焙面、三鲜锅巴等，梁实秋先生吃清油饼浇上烩两鸡丝也是这个道理。

即以鲍汁而论，直接吃未免太过浓腴，一口下去就把人的胃口腻住了，如果拌以适量的好米饭，以甘香纯朴的米粒做背景，用鲍鱼、老鸡、排骨、金华火腿长时间煲出来的原汁自然显得浓淡适宜、爽滑清鲜、醇香可口。这有点像书法、国画作品，一经高手装裱，烘云托月，精神愈显。如果遇上用市售所谓“鲍鱼酱”勾兑出来的样子货，其鲜味的漂浮、浅薄也会纤毫毕露，无从假借。

意大利也有类似手法，我试过一位南意厨师的手艺，在冒着热气的意大利米饭上摆一大片冻鹅肝批，请客人自己动手戳碎、拌匀食之，入口爽滑，香、甘、醇、鲜，甚合国人口味，我以为远胜加了大量奶酪或者藏红花、松露、海鲜之类的出品。

遗憾的是，这道点心加工手法细腻，食材成本过高，所以即使在餐饮业拷贝别家名菜成风的当代，多年以来，也未见有人效颦。唯这种创新风格与我的美食创作思路倒是若合符节，故收入这本小册子，以广流传，也借此纪念我们的缘分。

蟹粉拌面

制作方法

○主料：面粉、蟹粉（制法见《蟹酿橙》）

○调料：盐

○做法

①用盐和蟹壳熬制的蟹水和面，制成手擀面。

②面条煮熟，浇上热蟹粉即可。

黑漆贴金斗笠碗。

一大一小，侧视能看到斗笠碗的特征，
如同一只圈足上倒放的斗笠。
俯视碗口沿处各有一道金色笔触，
是用漆画了一笔后在表面贴的金箔，
这种手法是漆艺中能保留即时性或者说
瞬间艺术感觉的一种。
这对斗笠碗像一组太极的循环，
两件器物各自独立又相辅相成。
（范星闪）

蒲庵曰

斗笠碗是宋代流行的瓷器造型，因为倒过来形如斗笠，故名。这两件作品只是师古人之意而已，并没有机械拷贝，比如圈足就比传统器型加高了，而且略向外撇。

装饰手法也不是传统的，没有具象，只在素髹的基础上画上貌似简单的一笔，笔触的宽窄、长短、轻重、虚实似乎没有标准，其实标准更高。作者的艺术素养、创作技巧乃至天分达不到相当的境界是无从下笔的，勉为其难只会弄巧成拙。

14

蟹黄打卤面

老北京吃面，讲究打卤和炸酱，唐鲁孙先生有篇大作，把打卤面勾勒得眉清目楚：

打卤面分“清卤”“混卤”两种，清卤又叫“汆儿卤”，混卤又叫“勾芡卤”，做法固然不同，吃到嘴里滋味也两样。……

打卤不论清混都讲究好汤，清鸡汤、白肉汤、羊肉汤都好，顶呱呱是口蘑丁熬的，汤清味正，是汤料中隽品。汆儿卤除了白肉或羊肉、香菇、口蘑、干虾米、摊鸡蛋、鲜笋等一律切丁外，北平人还要放上点鹿角菜，最后撒上点新磨的白胡椒，生鲜香菜，辣中带鲜，才算作料齐全。

做汆儿卤一定要比一般汤水口重点，否则一加上面，就觉出淡而无味了。既然叫卤，稠乎乎的才名实相符，所以勾了芡的卤才算正宗。勾芡的混卤，做起来手续就比汆儿卤复杂了，作料跟汆儿卤差不多，只是取消鹿角菜，改成木耳黄花，鸡蛋要打匀甩在卤上，如果再上火腿、鸡片、海参，又叫三鲜卤啦。所有配料一律改为切片，在起锅之前，用铁勺炸点花椒油，趁热往卤上一浇，“嘶啦”一响，

椒香四溢，就算大功告成了。

吃打卤跟吃炸酱不同。吃氽儿卤，黄瓜丝、胡萝卜丝、菠菜、掐菜、毛豆、藕丝都可以当面码儿，要是吃勾芡的卤，则所有面码儿就全免啦。吃氽儿卤，多搭一扣的一窝丝（细条面），少搭一扣的帘子扁（粗条面），过水不过水，可以悉听尊便。要是吃混卤面条则宜粗不宜细，面条起锅必须过水，要是不过水，挑到碗里，黏成一团就拌不开了。混卤勾得好，讲究一碗面吃完，碗里的卤仍旧凝而不泻（澥），这种卤才算够格，这话说起来容易，做起来可就不简单啦。（《酸甜苦辣咸》，大地出版社，2011 年，第 75 页）

氽儿卤还有羊肉氽儿（可加酸菜）、茄子氽儿、扁豆氽儿、青椒氽儿诸般名目。

勾芡卤就丰富得多，邓云乡先生记载，有“香油卤（即素卤）、猪肉卤、羊肉卤、木樨（引者注：即鸡蛋）卤、鸡丝卤、螃蟹卤、三鲜卤（肉加虾仁、海参）等等”，“素卤不放肉和虾米，但要加香菇、口蘑、玉兰片等”。（《增补燕京乡土记》，中华书局，1998 年，第 664 页）

天津也吃打卤面——家母是天津人，我打小儿没少吃面——卤的花样远不如北京丰富，无非是猪肉片（有肥有瘦）、黄花菜、木耳、鸡蛋，有鲜虾仁（或虾肉）的时候顺手也放点，卤打好了也不浇热花椒油；我吃过的就是切面，没听说过有吃抻面的。但是，津门有津门的亮点：吃面之前先上四个“碟子”喝酒，比较家常的包括韭黄炒肉丝、香干炒肉丝、炒鸡蛋、糖醋面筋丝（天津的面筋个儿大、肉厚，口感、味道远胜无锡出品，不需要塞肉，直接烧成熝面筋，就是一道名菜），等面和卤上桌，拌面不仅浇卤，还要来点儿炒菜和菜码儿（内容与北京炸酱面的大同小异），满满当当的一大碗，初见这个阵势的南方人难免瞠目结舌。

听母亲说，早年间螃蟹下来的时候，天津人讲究吃螃蟹打卤面，邓云乡先生也提到北京的“螃蟹卤”，故而设计此面。当然是常规的“混卤”，口蘑如今难找，不妨用干松茸代替（用时下备受追捧的鲜品也无不可，只是不如干品香醇而已），蟹只取少量蟹黄足矣；没人会抻面，手擀面也可以将就。

蟹黄打卤面

制作方法

○主料：蟹黄，五花肉片，水发黄花、木耳、干松茸，青菜，鸡蛋，手擀面

○辅料：葱、姜

○调料：盐、料酒、酱油、香油、八角、花椒

○佐助料：水淀粉

○做法

①五花肉片、黄花、木耳、松茸飞水备用。

②炒锅放底油，下入八角、葱、姜块爆香。烹入酱油，加水。下入肉片煮熟，将八角、葱、姜捞出，烹入料酒。下入黄花、木耳、干松茸。加盐调味。下入青菜，烧开，勾厚芡。甩蛋液于锅中，鸡蛋成片浮起后出锅装盆。

③用香油炸花椒，制成花椒油。八成热的花椒油浇在卤表面，卤即完成。

④蒸好的蟹黄撒在卤上，撒上葱花。

⑤面条煮好后将卤浇在面上即可。

螺钿莼菜高足碗

同样是一大一小的配置，与斗笠碗不同的是，
高足碗的外形更加饱满，
使用起来外部的弧线更贴合手捧的弧度。
装饰上，选择莼菜和水来表现主题，
水纹轻动，水中莼叶载浮载沉。
金与螺钿在红漆的映衬下，
质感更加丰富，
使得图案不只是颜色和线条这么简单。
（范星闪）

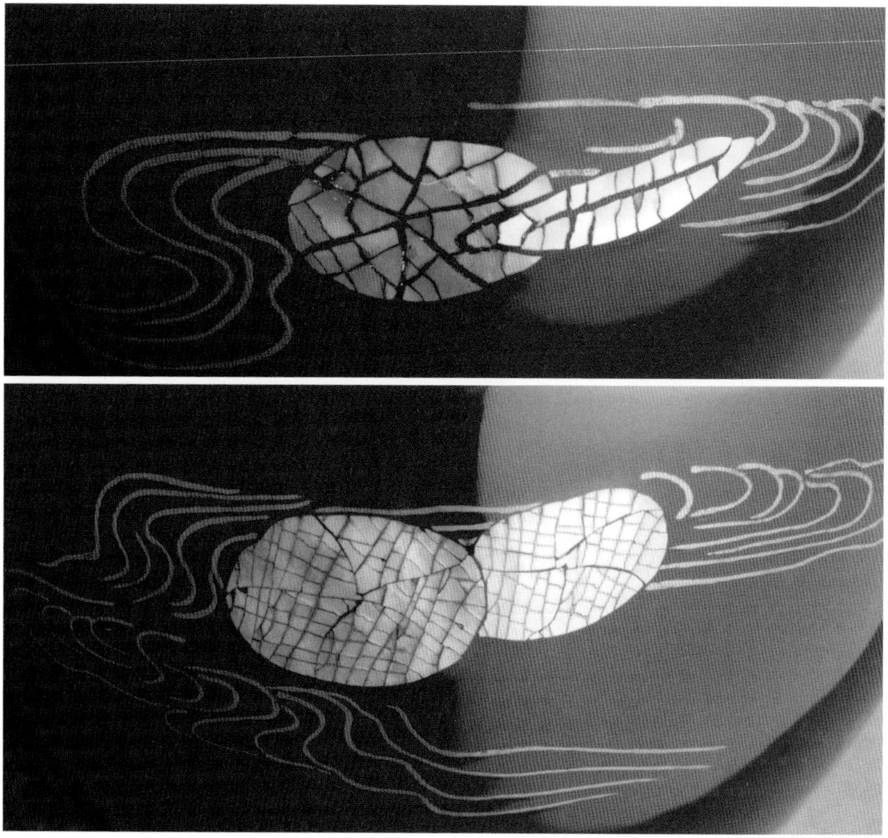

蒲庵曰

与斗笠碗的清秀相比，高足碗显得肥厚，有点拙趣。

漆碗其实非常适合用来啜粥、喝汤或者吃汤面，以其隔热性好，不会烫手，端起来轻便，嘴唇于碗口的触觉亦温润可喜。

“莼鲈之思”是常见的典故，日本人也吃莼菜，京都北边深泥池的出产就很有名，但并不蕴含思乡的意味。讲究美食的苏州人都知道，莼菜以春天新出的为好，一到秋天就老了，看来张季鹰想吃莼羹鲈脍终究不过是逃离官场的借口而已。这两只碗上的莼菜并非嫩芽，应该是秋天的模样，一看就知道已经到了蟹肥时节。

15

蟹粉烫面饺

中国种植小麦的历史其来久矣，据说总在四五千年以上，甚至可能还是小麦的栽培驯化地之一（《中国食料史》，俞为洁著，上海古籍出版社，2011年，第22页）。天佑吾华，先民智慧，文明早熟，但是，直到20世纪80年代，吃一顿“富强粉”（小麦种子最核心的部分磨出的面粉，这种面粉价格偏高，口味也好，有的地方叫“七〇粉”，意思是全麦只能出70%的粉。1949年以前，中国面粉分为一、二、三、四号粉，大宗的是二号粉，以各种商标行销各地。20世纪50年代初，逐步取消原有的牌号，统一改为一、二、三等粉，分别定名为富强牌、建设牌、生产牌，质量分别相当于原来的二、三、四号粉，富强粉因此得名）饺子，即使在首善之区的北京，也是只有逢年过节才有的享受。

一来计划经济时期供应的面粉多数是所谓含麦麸较多、面筋（即蛋白质）较少的“标准粉”，包出饺子来皮厚色暗，口感也差（现在看来倒是“健康食品”）；调馅常用的猪肉、鸡蛋、香油之属也在计划供应之列，甚至北京特产的大白菜，质优价廉的也是凭副食本一年一次，本地城市居民按人头限量采买。

二来家父的工作需要经常出差，记忆中有时候一年有一半

以上时间不在家，而包饺子这种工作似乎专门属于阖家团聚的时刻，剁馅的剁馅，和面的和面，擀皮、包、煮也是分工合作，流水作业，全家动手，其乐融融（小脑不发达如我，就只会擀皮，不会包）。饺子一锅一锅煮好上桌，醋、蒜生香，热气腾腾，在北方室外北风呼啸的严冬季节，确实是一件赏心乐事。如果只有一两人在家，吃什么主食的都有，就是很少听说过自己包饺子吃的，效率低不说，也少了点应有的趣味。

不知为什么，寒舍吃水饺的时候多，吃蒸饺的次数少，偶尔吃一次其实是当“死面”包子吃的。我家吃包子，发面的是北方口味，如猪肉白菜、猪肉大葱之类；“死面”的完全是南方作风，相当于上海小笼包，最讲究的是蟹粉猪肉馅，馅里打入肉皮冻，个儿小皮儿薄，蒸熟后内含一兜既烫且鲜的汤汁，佐以姜醋，着实诱人。但这种包子收口处难免会有一个小小的硬疙瘩，美中不足，所以后来就改成蒸饺了，不仅免去了疙瘩，还能多裹馅。没有螃蟹的季节，就用春天背上带子的皮皮虾煮熟、剥皮、剁碎冒充，吃起来虾子颗粒带点嚼头，有股海腥味，别是一种风光。

马逢华先生（生于1922年，河南人，美国西雅图华盛顿大学经济系荣休教授）记载河北民谚云：

> 黎明觉，二房妻；烫面饺，卤煮鸡。

以为是“人生四大享受”(《文学的餐桌》，焦桐主编，广西师范大学出版社，2004年，第27页)。烫面饺在当地人民心目中的地位之高可见一斑。

烫面饺介于主食和点心之间，制作关键在于用沸水和面，“卸”去了面筋的“筋力”，使面团柔软，可以擀得很薄，多裹馅料；蒸熟之后，也不容易变硬，吃起来不会粘牙。馅料可荤可素，素的没什么新鲜的花样，荤的猪肉馅为基础，掺以白菜、韭黄、西葫芦皆可。

此菜的设计，说穿了，无非是“北点南馅”，在北方常见的面点中加入南方风味的馅料而已。

蟹粉烫面饺

制作方法

○ 主料：中筋面粉、蟹粉（制法见《蟹酿橙》）

○ 调料：盐

○ 做法

中筋面粉加适量的盐，用60℃开水烫成面团，包入熬好的蟹粉，上屉蒸15分钟即成。

擦金水藻纹如意点心盆

这件作品结构上分上下两层，上面放食物，
底部做如意纹的镂空，
从而使得这件器物有呼吸通透的感觉。
如意纹的镂空图案不仅有吉祥寓意，
而且有实用功能，是端起时用的握处。
装饰纹样采用水藻主题，水藻纹用蛋壳镶嵌的工艺。
由于器物尺寸小巧精致，我最终选了鹌鹑蛋壳，
鹌鹑蛋壳比鸡蛋壳更薄，效果更细腻精致，
适合表现水草的细嫩，且有微微的凸起。
鹌鹑蛋壳须在白醋中浸泡一小时，
仔细地去掉内膜和表面黑斑后才可以用来镶嵌。
背景部分用黄漆做底，再满贴金箔，微微磨漏，
擦漆几次使之沉稳，根据需要在表面擦金粉、
擦漆，再擦金粉，再擦漆。
虽然都是金，可是金箔更明亮，

金粉的光泽稍显雾面质感，
用金和漆的透明金棕色制造出不同的层次，
在同色系中做出丰富的视觉效果。
鹌鹑蛋壳、黄漆、金箔、金粉这些材质和擦漆工艺结合在一起，
利用白、黄、金、棕色系间的微妙差异，
表现出秋日的暖意。
（范星闪）

蒲庵曰

这件作品的造型源于柳宗悦所著《日本手工艺》一书中收录的那霸漆器。

柳宗悦（1889—1961）是日本民艺理论家、美学家，日本民艺运动的领导者，他周游日本寻找乡村手工艺，创建日本民艺馆，一生致力于弘扬日本民艺。

广西师范大学出版社出版的《日本手工艺》中译本中，对此器型的本图注为“盆 冲绳那霸”（2011年，第189页），同页的文字说明云：“一种类似茶盆的、有脚的、圈围很矮的盆桶，是冲绳才有的产品。”

星闪的创作只是运用了原作的许多元素，并未胶柱鼓瑟。原作朴拙厚实，新作则华美轻灵。

我们原来想把蒸饺连同小笼屉一起放在盆中，后来发现根本找不到配得上如此精美的漆器的笼屉，只好直接用它来装蒸饺了。

此菜拍摄时遭遇麻烦：由于每道菜至少要拍摄一个小时以上，蒸熟的烫面皮会变干，而且色泽渐渐灰暗，视觉效果越来越差，折腾了半天还是达不到要求。第二天不得已用澄面皮代替——非敢弄虚作假，小小苦衷，请诸位看官见谅。

16

酥蟹合

酥盒子是北京谭家菜的点心名件。

谭家是广东人，酥盒子自然来自广东。其实“合子”在北方更常见，主要特点是馅心裹在上下两张圆形薄面皮中，把面皮边捏上，形成窄窄的一条边包住馅心，讲究一点的这条薄边还要捏出花来；馅心内容可荤可素，加热手段可煮、可煎、可烙，谭家的手法是炸。

馅饼成品外形与“合子”接近，皆为扁圆，而收口的位置不同：前者是先包成包子，再按扁成饼，故收口处在背面的中间，再好的手艺也有踪迹可寻，背面会留下一个小小的面疙瘩。仅就裹馅成型这道工序而言，包“合子”要比馅饼麻烦，此所以市场上制售馅饼的店家较多，除了个别天津风味的餐馆，很少听说有卖“合子”的。

家母是天津土著，会做“合子”，早年间心情好的时候也会捏出花边，如今岁数大了，我又搬出来单过，很少回去吃饭，再想吃她老人家手制的“合子”就不大可能了。所以，每到天津风味的饭馆，只要菜单上有“合子”，一定点上一盘，以膏馋吻。您还别说，大概因为这是天津人拿手的面点吧，失望的时候少，

满意的时候多。

餐厅的“合子”以烙为主，薄皮儿大馅儿，但不捏花边。记忆中我家专门吃烙“合子”的机会不多，吃的话，一定是蘸米醋（当然，母亲以为最好是天津特产的独流醋），再来点咸菜、小米或棒糙粥——也不是没有大米，只是大米粥似乎跟烙或煎的“合子”、锅贴、馅饼之类总是不太搭调。更多的情况是包饺子包到最后，发现面多了一点，母亲就会包上两个“合子”，细细捏上花边，和饺子一起下锅煮熟。估计这圈花边不仅为了美观，主要还是增加两片面皮结合的牢固程度，煮的时候“合子”不容易裂开。烙“合子”用饼铛，没有在开水锅中翻滚的过程，自然就不必费事了。这两个“合子”多半“便宜”了我和舍妹，这么做好像也有讨口彩、祈盼小孩子“百事和合”的意思。

不知道为什么，我吃过的北方“合子”馅中皆有韭菜：荤馅是猪肉、鸡蛋、韭菜、虾皮；“花素”馅内容基本相同，只是把猪肉换成粉条而已，因为依然含有鸡蛋、韭菜、虾皮，故名之为“花素”，以区别于净素馅。说实话，“花素”馅比荤馅还要好吃一些。奇怪的是，馅饼的馅心花样繁多，但好像没有人用纯肉馅或别的蔬菜做“合子”的。

谭家菜的酥合子是炸的，似俗实雅，裹以油酥、水面，带花边，馅心更是奢华：咸的有猪肉虾肉冬笋冬菇青豆馅、虾仁海参鸡肉冬笋馅、鸡肉冬菇冬笋馅、鸡肉冬笋扁豆冬菇馅、虾肉青豆馅，甜的则是豆沙馅。从中不难看出些许广东面点的痕迹，吃起来外酥里嫩，着实可口。

我的原设计不过在肉馅里加入蟹粉而已，少刚却大动干戈，借鉴苏式鲜肉月饼的技法，刷上蛋黄浆，改炸为烤，出品酥皮色白如雪，蛋浆金黄，酥而不腻，比谭家菜的做法更显清雅。

蒲庵曰：本书杀青之后，在一本《潮州菜谱》（潮州市劳动局出版，1997年，第223页）中发现一道点心，名曰“酥皮蟹合”，外形与谭家菜的酥合子一模一样，馅心内容包括猪肉、熟蟹肉、虾肉、香菇、荸荠，也是包好油炸的，看来谭家菜的酥合子很可能是从潮州点心借鉴、发展而来。幸亏少刚对我的创意做了大的改动，不然这道菜就得从书中撤下了。

酥蟹合

制作方法

○主料：高筋面粉、低筋面粉、猪油、蟹粉（制法见《蟹酿橙》）

○佐助料：蛋黄液

○做法

①高筋面粉加水、少许猪油和成水面皮，低筋面粉加入适量的猪油和成油面团，分别饧半个小时。

②用水面皮包入油面团，擀开，折叠成三层；再擀开、折叠一次。用刀切成条，然后切段，擀成剂子，包入蟹粉，刷上蛋黄液。

③烤箱上火200℃，下火180℃，放入蟹盒生坯，烤10分钟即成。

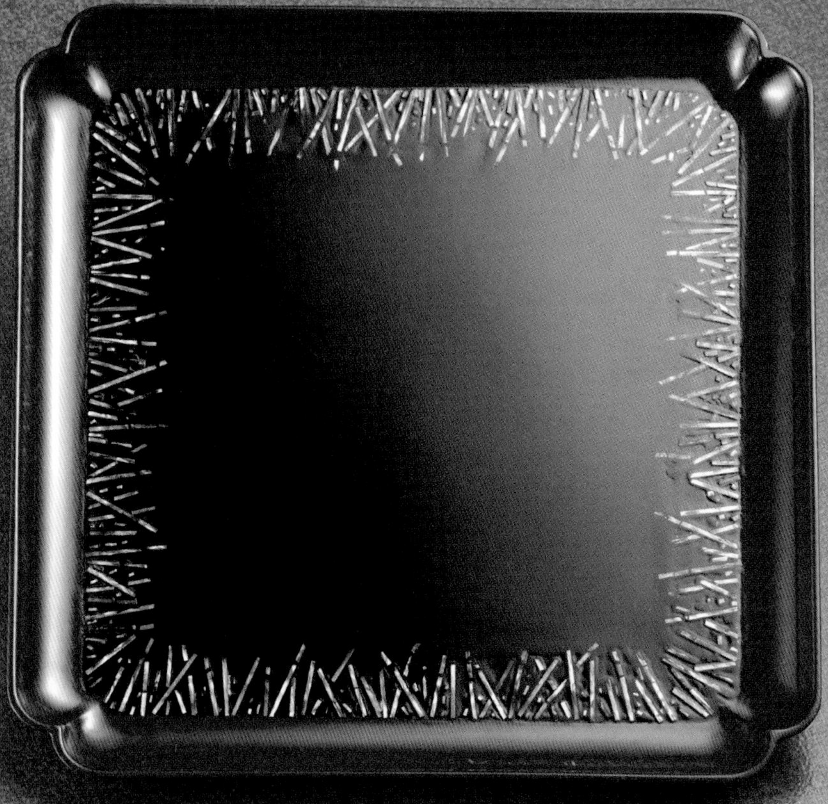

点螺透角方盛盘

器物的四角做了倭角的处理，边沿采用了红色，红色和黑色的交界处就像是生长水草的土壤。条状的薄螺钿在黑漆的衬托下显出盈盈的绿色珍珠光泽，

这种薄螺钿的镶嵌手法在明清时期的扬州特别有名，叫作『点螺』。其中有一个匠人特别有名，就是江千里，以至于『千里』成为了一个品牌，有『杯盘处处江千里』的说法。

倭角：也称『委角』，常应用于盘、盒、瓶等，是方形或多边形器皿转角的一种装饰形式，常见的样式是将直角变为内凹双弧线或内凹圆角等。

（范星闪）

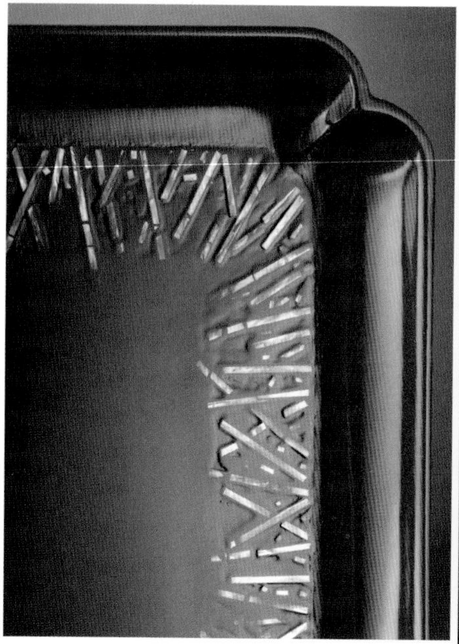

蒲庵曰

因为蟹盒是圆的，特意请星闪设计了一个方盘来盛装。

方盘的角为 90 度，容易磕碰损坏，所以做成倭角，这不是我们的发明，古代方盘常有倭角的。

星闪用薄螺钿来象征水草，颇具巧思，黑底红边的方盘本来容易显得呆板，这一圈螺钿赋予了它灵动、深邃的生命力。

民国年间很多地方还有用漆盒、漆盘盛装点心、甜品的习惯，现在应该用什么样的器皿呢？我还真说不上来，似乎随便用什么都可以吧。

图书在版编目（CIP）数据

左持螯，右持杯：蟹馔与漆艺的对话 / 戴爱群著．— 北京：生活·读书·新知三联书店，2018.10
ISBN 978-7-108-06275-8

Ⅰ．①左… Ⅱ．①戴… Ⅲ．①蟹类－菜谱 Ⅳ．①TS972.126

中国版本图书馆 CIP 数据核字（2018）第 069815 号

责任编辑 黄新萍
装帧设计 张 红 朱丽娜
责任印制 徐 方
出版发行 生活·讀書·新知三联书店
北京市东城区美术馆东街22号
邮 编 100010
网 址 www.sdxjpc.com
经 销 新华书店
排版制作 北京红方众文科技咨询有限责任公司
印 刷 北京图文天地制版印刷有限公司
版 次 2018年10月北京第1版
2018年10月北京第1次印刷
开 本 720毫米×880毫米 1/16 印张 10
字 数 40千字
印 数 0,001—7,000册
定 价 59.00 元

（印装查询：010-64002715；邮购查询：010-84010542）